农学高新实用技术

主　编　向子钧　李合生

副主编　程为仁　谢华伦

编　委　（按姓氏笔画为序）

王庆云　王家刚　叶志彪　向子钧　向　敏

伍素辉　刘金兰　许泽明　李合生　李芙蓉

杨竹青　汪应成　陈开红　陈松苗　陈松林

张植敏　罗顺喜　贺立源　郭茂胜　黄长征

黄明生　彭　健　谢从华　谢华伦　程为仁

绘　图　彭　芳

图书在版编目(CIP)数据

农学高新实用技术/向子钧,李合生主编.—武汉:武汉大学出版社,2014.3

ISBN 978-7-307-12830-9

Ⅰ.农…　Ⅱ.①向…　②李…　Ⅲ.农业技术—高技术　Ⅳ.S3

中国版本图书馆 CIP 数据核字(2014)第 032214 号

责任编辑:柴　艺　　责任校对:汪欣怡　　版式设计:马　佳

出版发行:**武汉大学出版社**　(430072　武昌　珞珈山)

(电子邮件:cbs22@whu.edu.cn 网址:www.wdp.com.cn)

印刷:崇阳县天人印刷有限责任公司

开本:880×1230　1/32　印张:7.375　字数:202 千字　插页:1

版次:2014 年 3 月第 1 版　　2014 年 3 月第 1 次印刷

ISBN 978-7-307-12830-9　　定价:18.00 元

序　言

农业是国民经济的基础。农业生产的发展，一靠政策，二靠科学，三靠投入，但是，最基本而长远起作用的因素是科学。持续农业靠什么才能“持续”？主要是靠科学技术。21世纪农业科学的主要特点将是用高新技术武装、改造和丰富传统的农业科学。

科学研究成果的转化，一方面要通过中间试验去推广，另一方面通过科普宣传去提高劳动者的科技水平和科技意识。只有这样，科学研究成果才能更有效地转化为生产力，产生更大的经济效益。

在新的农业科技革命即将到来的时刻，我们高兴地看到向子钧、李合生同志主编的科普著作《农学高新实用技术》的出版，它将为普及新的农业科学、促进我国农业生产的发展和提高劳动者的素质发挥其特殊而积极的作用。

中国工程院　院士
华中农业大学　教授

前　言

农业是人类生存和繁衍的基础，同时也是国民经济和社会发展的基础。长期以来，我们的党和政府十分重视农业问题。党的十一届三中全会以来，我国农业取得了举世瞩目的成就。但是，我国是一个人多地少、经济欠发达的农业大国，在进入21世纪的时候，面临着人口增长、资源匮乏、环境污染和能源紧缺等众多严峻的社会问题的困扰。

中国的农业要振兴，中国的农业要持续发展，中国要实现农业现代化，靠什么呢？实践告诉我们，中国的农业发展“一靠政策、二靠科技、三靠投入”，但最终还是要依靠科技解决问题。农业发展靠科技，科技进步靠人才，人才培养靠教育，这是现代农业发展的客观需要和规律。依靠科技和教育，是振兴农业的必由之路。大力发展我国的科学技术，特别是发展农业科学技术，对实现21世纪20年代的增产目标，具有十分重要的战略意义和深远的历史意义。

邓小平同志指出：“下个世纪是高科技发展的世纪。”科技竞争，特别是人才竞争，已经成为世界各国全面竞争的焦点。现在，许多国家都把提高国民的科学文化素质当成是赢得21世纪竞争成功的关键。农业领域的科技成果众多，高新技术日新月异，具有重要的应用价值。然而，最终把农业领域的高新技术应用到农业生产上去，还得依靠有较高科学文化素质的农业技术推广人员和农民。

当前，由于农业技术推广组织不健全，经费无保障，农业技术推广人员素质偏低，农民文化素质低以及科研人员重研究轻推广等原因，农业科研成果转化率还不到30%，不少好的科研成果和高新技术难以传到农民手中。科普创作正好担负起普及科学文化知识，将科研成果转化为生产力的光荣使命。为了向广大青年和各级干部普及农业高新技术知识，在武汉大学出版社的支持下，我们组织了华中农业大学、湖北省农科院、湖北省农业厅植保总站、武汉市畜牧兽医科学研究所等单位的知名专家、学者编写了《农学高新实用技术》一书，献给全国农业工作者、农民朋友及广大青年，期望这本书能为普及农业高新技术、把农业科研成果转化为生产力、建设社会主义新农村、提高农业技术人员素质、培养社会主义新型农民贡献一份力量。

本书以当前国内外在农业领域所取得的重大科技成果和农业高新技术为主线，重点介绍了农作物杂种优势利用、高新育种技术、种植技术、防治病虫害技术、家畜水产养殖技术、现代集约持续农业的现状及发展趋势、信息技术在现代农业中的应用。本书适合具有高中以上文化程度的各级领导干部、农业技术人员、农民朋友及广大青少年阅读、参考。

在本书的编写过程中，得到了傅廷栋院士、刘纪麟教授、李泽炳教授的支持、指导和审阅，重点参考了傅廷栋主编的《杂交油菜的育种与利用》、刘纪麟主编的《玉米育种学》、李泽炳等编写的《杂交水稻的研究与实践》、黄铁城主编的《杂种小麦研究》、卢良恕主编的《21 世纪中国农业科技展望》等专著和《世界农业》杂志及国外期刊。

由于农业科技进展很快，内容十分丰富而广泛，加上编者水平有限，本书难免有不足和错误之处，欢迎读者批评指正。

编著者

2014 年 1 月

目　　录

一、杂种优势利用创造世界奇迹

说起“杂种”，人们并不生疏。我国劳动人民将马和驴交配生下的骡子，就是典型的“杂种”；作为杂交第一代的骡子与它的父母——马和驴相比，具有生长快、体格高大健壮、力气大、适应性强、好饲养、使用年限长等优点，这种现象就称为杂种优势。人们将骡子应用于运输、农业生产，就是所谓的杂种优势利用。中国在1400多年前的《齐民要术》一书中，就有马和驴子杂交产骡子的记载，对动物这种杂种优势的利用流传至今。

植物界和动物界一样，普遍存在着杂种优势现象。人们公认，英国科学家达尔文是杂种优势理论的奠基人，他在19世纪50年代就发现了多种农作物有杂种优势，并认为利用杂种优势是一项有效的增产措施，这可以说是一个划时代的科学发现。其后，经历了数十年的科学探索，终于在20世纪初，玉米自交系的利用揭开了近代作物杂种优势利用的序幕。随后，杂交高粱又为杂种优势利用的发展开拓了广阔前景。目前已在玉米、高粱、油菜、水稻、小麦、棉花、大麦、大麻、烟草、辣椒、番茄、甘蓝、白菜、萝卜、黄瓜、牧草饲料作物等150多个物种中开展了杂种优势利用研究，发现各种作物杂种一代生长健壮、适应性强、抗逆性强、生产力高，利用前景广阔。我国于1964年开始杂交水稻研究，1976年开始推广杂交水稻汕优63等，这成为自花授粉作物利用杂种优势方面的成功典范，并一直保持世界领先地位。油菜杂种优势利用研究和应用方面也处于国际领先地位。

1. 水稻生产的新里程碑

常言道“民以食为天”，人要活着就得吃饭。你可知道，水稻是人类栽培最古老的、面积最大的粮食作物，全世界70亿人口中，有60%以上是以稻米为主食的。中国是个水稻生产的古国，水稻生产距今已有7000多年的历史。同时，中国也是生产水稻的大国之一，水稻栽培面积占世界水稻总面积的22.8%，水稻产量占世界总产量的37.4%。在国内，水稻栽培面积、总产量和单位面积产量均居全国之首。水稻生产收成如何，事关重大。

图1　民以食为天

为了提高水稻产量，利用杂种优势是一条有效途径。早在1926年，中国水稻科学家丁颖利用野生稻与栽培稻自然杂交，经过7年探索，于1933年育成了杂交水稻新品种——中山1号。20世纪初，日本人奇尾最早发现了水稻花器官与男人一样患有“雄性不育症”，自花授粉不能结实。美国加利福尼亚州育种专家则利用水稻雄性不育性配制了四个杂种组合，优势很强，但未能应用于生产。此后，在20世纪30年代至70年代初，日本、印度、美国、菲律宾及国际水稻研究所的科学工作者都进行过水稻杂种优势利用的研究，然而都因这样或那样的原因未能成功。

杂交水稻的育成并应用于大田生产，需要人工培育、选择出雄性不育系、雄性不育保持系和雄性不育恢复系（简称为不育系、保持系、恢复系），并且让不育系、保持系和恢复系“三家”攀亲，实现“三亲家结良缘”（即“三系”配套）才会圆满成功。这是为什么呢？原来，作物杂种优势只是在杂种第一代（F_1）表现最明显，且无分离现象。因此，要想在大面积生产上利用水稻的杂种优势，就需要年年生产出大量的F_1种子。由于水稻是雌雄同花近亲繁殖的自花授粉作物，要获得杂交种，就必须去雄，然而采用传统的人工去雄或化学去雄方法，操作起来难度很大；如果选育出了理想的雄性不育系，再配以恢复系散布花粉，进行自然异花授粉受精，就可“生儿育女”，获得大批的杂交种（F_1）。

那么，如何获得理想的雄性不育系呢？目前，选育雄性不育系的方法主要是远缘杂交法、自然不育株转育法和现存不育系转育法以及人工诱导突变法等。一个理想的雄性不育系应当具备哪些条件呢？首要的是不育性稳定，它必须是身患雄性不育绝症的稻株，它们的花粉不育度和不育株百分率均应达到100%，即自花授粉不能结实，而且不会随环境条件（主要是温度）的变化而发生育性改变，但它们又必须是一批善于“社交”、易选“配偶”、雌花发育正常、异花授粉易“受孕”且结实率高的株系材料。目前在生产上应用的水稻雄性不育系，大多是父母本双亲血缘关系较远、遗传物质差异较大的品种间杂交，并经多次回交所得到的杂交后代。它们的生殖细胞是具有母本的细胞质和父本的细胞核的矛盾体，也可能是由于来自亲本的细胞质和细胞核双方都携带不育因子所产生的干扰和影响，破坏了杂种生殖系统和生理代谢的正常进行，从而患上了“雄性不育症”，即花器官的雄蕊发育不正常，不能自交结实。这种不育材料就是水稻“三亲家”结缘“生儿育女”的母体。它是水稻杂种优势利用的基础。美国、印度、菲律宾等国虽在20世纪50—60年代就开展了水稻杂种优势利用的研究，但由于未育成稳定的不育系或者是不育系本身存在严重缺陷，所以不能用于生产。

为了让雄性不育系的不育特性代代往下传，就需要一个既能自花授粉结实，又可给不育系传粉受精，使其后代保持雄性不育特性的保持系。它的雌雄蕊与不育系是有差别的。它的功能是保持不育系生殖细胞的细胞质和细胞核的不协调状态或者是使不育系的后代的细胞质和细胞核均为不育基因所控制，仍能保持雄性不育的特性。保持系对水稻杂种优势利用是至关重要的。1964年，袁隆平曾在中籼品种胜利籼中发现几株自然变异雄性不育株，但由于其不育性均受隐性核基因控制，难以找到合适的保持系而使研究受阻。

在水稻杂种优势利用中，有了稳定的不育系作母本，又有了保持母本雄性不育症代代往下传的保持系（B）之外，还必须选配一个恢复系（R）用于生产优势杂种。为了获得高产、优质、高抗的杂种，对恢复系的选配条件很苛刻。首先它必须对杂种后代花粉育性有很强的恢复能力，能把大量的活力强的花粉传给不育系，使不育系受精“怀胎”，结出杂交种子，在一般栽培条件下，结实率要达到80%以上，而且要求其丰产性好、抗逆性强、适应性广、优势明显；在“身材”高度上有严格要求，必须稍高于不育系植株，否则就会有情无缘，传粉不到位，受精不成，杂种就生产不出来。恢复系的功能就在于通过增加与不育系细胞质更加亲和的核成分，不同程度地克服或缓和不育系质核之间的不协调状态，从而恢复花粉育性。在水稻杂种优势利用中，人们给原产于亚热带地区的野败型雄性不育系选配的恢复系多是国际水稻研究所的籼稻品种IR24、IR26或华南地区的晚籼，容易获得成功，这是因为两个“亲家”生活的地理位置相近，亲缘关系较密切，杂交时恢复系的细胞核和野败型雄性不育系的细胞质比较亲近、融洽，同时由于不育系的细胞核内掺入了“亲家”——恢复系细胞核的可育因子，可以弥补不育因子所造成的缺陷，因此其后代的育性就能不同程度地得到恢复。如果不能给不育系选配到一个优良的恢复系，那么，水稻的杂种优势利用就成为空谈。美国加州大学实验室和菲律宾国际水稻研究所虽然很早就开展了水稻杂种优势利用的研究，并获得了雄性不育系和保持系，但未能获得理想的恢复系，不育系本身也有某些严重缺陷，因而不能用于生产。

图 2　美国加州大学实验室对水稻杂种优势的研究

实践告诉人们，要利用水稻的杂种优势，必须实现“三亲家”结缘——“三系”配套。在“三系”中，不育系是“三系”选育的基础，不育系和保持系是兄妹系，杂种优势的表达依赖于恢复系，“三系”相互配合，就可实现杂种优势利用。

不育系和保持系杂交获得不育系，不育系和恢复系杂交获得杂交水稻（F_1），保持系自交仍是保持系，恢复系自交仍是恢复系。

水稻杂种优势利用研究的实践表明，“三亲家”结缘创高产可不是那么简单，但困难挡不住中国人前进的步伐。1970 年 10 月，湖南省黔阳农校杂交水稻研究组的李必湖同志在海南岛崖县发现了野生稻花粉败育雄性不育株，后被命名为“野败”，为籼型水稻“三亲家”结缘提供了宝贵的细胞质不育亲本——不育系（A）。这个发现在水稻育种史上是一个突破。有了“野败”，就为水稻杂种优势利用研究插上了腾飞的翅膀。1971 年，杂交水稻研究课题被列入国家重大科研项目。1972 年便育成二九南 1 号 A、珍汕 97A、威 20A、京引 177A、广选 3 号 A 等第一批野败型雄性不育系及其保持系。1973 年又筛选出 IR24、IR26 以及泰引 1 号等一批恢复系，成功地实现了“三亲家”结缘——“三系”配套，选育出了一批早熟、高产、多抗、优质的杂交组合，如南优 2 号、汕优 2 号、汕优 6 号、威优 6 号等。1974—1975 年，在全国试种杂交水稻，一般 1 公顷产 5000 千克以上，比当地推广良种单位增产 50 ~ 100 千克。1998 年全国杂交水稻平均单产每公顷 6750 千克，常规稻只有每公顷 5300 千克。

40 多年来，我国杂交水稻研究取得了一系列举世瞩目的成就，硕果累累，实现了“三亲家”结缘的梦想，“三系”配了套，创造了世界奇迹。中国成为世界上第一个在生产上育成并利用水稻杂种优势的国家。现在全国杂交水稻推广面积 0. 16 亿 ~ 0. 176 亿公顷，约占全国总水稻面积的 57%，增产稻谷约 2400 亿千克。由于我国杂交水稻研究和生产成就巨大，袁隆平等于 1981 年获得我国第一个特等发明奖，还荣获联合国教科文组织 1986—1987 年科学奖。1986 年在湖南长沙召开了首届国际杂交水稻学术讨论会，有来自 20 多个国家和国际机构的 100 多位知名学者参加了会议。会议认为杂交水稻的推广是继高秆水稻改矮秆水稻之后的又一次大飞跃，是第二次绿色革命。2009 年 9 月在长沙又召开了中国杂交水稻技术对外合作部长级论坛，进一步将杂交水稻推向全世界。

近年来，中国的育种家与美国的育种家共同合作，正在进行一项在杂交水稻育种中利用无融合生殖选育一系法杂交稻的研究。所谓无融合生殖是以种子形式进行无性繁殖，它可完成世代更迭，但不改变核型，后代的遗传结构与母体相同，如同克隆羊一样。通过这种生殖方式，期望将杂种一代的优势固定下来，变成常规品种应用于生产，而不需要年年制种。无融合生殖选育一系法杂交稻是一个又新又难的育种途径，它比“三系法”、“两系法”杂交育种更好、更方便。成功的关键在于直接从水稻中获得以资利用的无融合生殖基因或者通过远缘杂交和基因工程的方法，把异属的无融合生殖基因导入水稻，目前此项研究尚处于探索试验阶段。

在杂交稻领域，袁隆平的野败型与武汉大学朱英国的红莲型、日本的包合型，被国际公认为三大细胞质雄性不育类型。只有野败型和红莲型在生产中大面积推广种植，被冠以“东方魔稻”的美称。目前，我国杂交水稻生产上应用的籼型不育系 50% 以上属野败型，而野败细胞质不育系易感热带地方的主要病虫害。从长远来看，细胞质太单一，易引起流行病发生，潜伏着意外的风险，需要选育一些其他质源的不育系，特别是配子体不育的优良籼型不育系，取代一部分野败型不育系。其次，现有的杂交水稻品种在品质上存在着直链淀粉含量较高、透明度欠佳、味淡、整精米率较低等缺陷，需要把选育优质米籼型不育系作为今后发展杂交水稻的主攻方向之一。在推广杂交水稻的地区，病害生理小种的生物型在发生变化，从而导致一些杂交组合逐渐丧失其抗性，需要选配新组合取代。幸运的是，大多数水稻品种抗性受显性或部分显性基因控制，因此，只要注意选择多抗性的亲本，就可以育出高产多抗的杂交组合。威优 64 就是一种可以抗五种主要病虫害（稻瘟病、白叶枯病、黄矮病、褐飞虱和叶蝉）的高产、优质杂交组合。此外，杂交水稻单产有待进一步提高，各地杂交水稻生产发展很不平衡，杂交水稻中杂交早稻和杂交粳稻所占比例很小，亚种间杂交稻尚未取得重大突破，这就需要进一步加强杂交水稻高产栽培技术和病虫害综合防治技术的推广普及工作，积极扩大杂交早稻和杂交粳稻的种植面积，注重提高中低产田的单产，充分发挥品种间杂交组合的生产潜力。同时，要加强对有希望出现超高产材料的大穗型两系组合的选育，还要积极探索将一些对籼、粳均亲和（杂交 F_1 正常结实）的广亲和基因材料转育成水稻三系和两系，克服籼粳杂交一代结实率低的现象，选育出优良的籼粳杂交水稻，把我国水稻杂种优势利用研究推向更高的水平。

中国人创造的杂交水稻的发展方兴未艾，一股新的全球性杂交水稻热潮正在蓬勃兴起。杂交水稻这一科研成果，不仅属于中国，也属于全世界，在21世纪，我们要进一步将常规育种手段和分子育种技术紧密结合起来，在利用水稻的远缘杂种优势方面取得重大突破。让杂交水稻像杂交玉米那样，在世界范围内得到大发展；让这项成果为解决人类仍然面临的饥饿问题，作出更大的贡献；让杂交水稻在21世纪再创辉煌，造福于全人类。

2. 油菜“波里马”谱写新篇章

早春二月田野金黄
油菜花开十里飘香
优质杂优结伴登场
“波里马”谱写新篇章

在人类的生活中不吃油是不可思议的，而食用油中植物油常常作为主角登场。饲料、食品、化工、纺织、橡胶、医药、钢铁工业的发展也都和植物油密切相关。油菜是一种类型多样、适应性强、栽培面广、用途多、价值高、发展潜力大的油料作物。近年来，油菜产量一直位居世界植物油料作物的前列。目前，世界油菜种植面积在2600万公顷左右，总产量达到了4100万吨以上，在各种油料作物中仅次于大豆，居第二位。油菜是我国最主要的油料作物之一。我们的祖先早在2000多年前就开始栽种油菜，目前年种植面积达760万公顷以上，总产量达到970万吨以上，面积和总产量均居世界第一位。中国油菜产量占世界油菜总产量近四分之一。

图3 我国油菜种植历史悠久，面积和总产量均居世界第一

目前国际上，油菜育种面临着两个改革：一是非优质品种改革为优质品种，即油菜品质育种（包括单、双低油菜品种的选育）；二是常规品种改革为杂交品种。

所谓单低油菜是指菜油的芥酸含量低，故又称低芥酸品种。普通油菜品种油的芥酸含量为40%～50%，而单低油菜品种油的芥酸含量不超过1%，大田生产菜籽油的芥酸含量不超过5%。选育低芥酸品种的目标在于将芥酸含量从占脂肪酸总量的40%～50%降至1%，同时提高具有重要营养价值的油酸、亚油酸含量。

当前，油菜育种改革的另一个任务是把常规品种改革为杂交品种，即油菜杂种优势利用。所谓杂交品种是指两个遗传基础不同的油菜品种或品系进行有性杂交后产生的第一代种子（F_1）。它们具有杂种优势，表现在生长势、适应性、抗逆性、丰产性以及品质性状方面具有超亲现象。如世界上第一个大面积用于生产的雄性不育三系杂交种秦油2号比对照增产27%～30%，光合能力、抗冻能力、抗病能力都强于常规品种。

20世纪60年代开始，加拿大与欧洲各国先后开展了油菜品质育种研究，育成了世界上第一个无芥酸的和低芥酸的以及双低油菜新品种。80年代初，加拿大和欧洲各国都普及了单低、双低优质品种。1987年在波兰举行的第七届国际油菜会议上，授予史蒂芬森（Stefansson）教授“杰出科学家”奖章，以表彰他在油菜品质育种中所作的贡献。

我国在杂交油菜的研究和利用方面处于国际领先地位，取得了辉煌成就，这其中，“波里马”油菜立下了“汗马功劳”。

据查证，“波里马”是一位“外国侨民”，老家在波兰，它在那里平淡地度过了许多年，深感在波兰不能施展才能，英雄无用武之地，一气之下便出走苏联，因在那里与在波兰一样遭到冷遇，便决定到中国“定居”。初到中国的日子，它同样坐了冷板凳，并经历了“文化大革命”的风风雨雨，沉默了近10年光景，“波里马”的春天终于来到了。独具慧眼的傅廷栋，靠他敏锐的观察力，于1972年3月20日在华中农学院油菜试验田原始材料圃内，从“侨居”中国多年的甘蓝型油菜品种“波里马”油菜中，发现了19株表现特殊的油菜植株，只见它那盛开的金黄色花朵中，雌蕊发育正常，而6个花药（雄蕊）却高度退化，萎缩细长，初期开的花朵有微量花粉，中后期开放的花朵彻底不育。这一重要发现，当晚就被油菜育种学家刘后利教授确认为典型的雄性不育株，说这是一个了不起的发现，因为甘蓝型油菜细胞质雄性不育在我国是首次发现，在国际上也是少见的。1973 年 7 月傅廷栋在全国油菜科技协作会上报告了这一重大发现，并将波里马雄性不育材料的天然杂交种子赠送给了兄弟省同行。从此，波里马雄性不育材料便在湖南、四川、江苏等省获得了可喜的研究成果。

1976 年湖南省农科院利用这个奇特的患有雄性不育症的材料，最早实现了“三亲家”结缘——“三系”配套，定名为湘矮 A 不育系，负责不育系繁殖的“亲家”是来自非洲大陆的油菜，负责生产杂种提供花粉的“亲家”是来自意大利的油菜，并开始了杂种的生产、示范和推广。1982 年波里马雄性不育材料又被江苏省农科院根据“中、澳合作油菜育种研究计划”赠送给了澳大利亚的同行，该国学者 Buzza 等在 1983 年巴黎举行的第六届国际油菜会议上介绍了波里马雄性不育材料的情况，引起与会者的重视。此后，波里马雄性不育材料很快传到世界各国。随后的研究证明，波里马雄性不育材料的育性恢复为一对显性主效应基因控制，也受修饰基因影响。1986 年以后，加拿大、澳大利亚、波兰、瑞典等国都实现了波里马雄性不育系的“三亲家”结缘——“三系”配套。波里马胞质不育型（Polcms）被认为是当前国际上最有实用价值的油菜胞质不育类型，并且波里马胞质雄性不育性已被转育到一些十字花科蔬菜中去，育成了波里马大白菜不育系、青花菜不育系等。这说明波里马胞质雄性不育材料作为一种种质资源，已被国内外广泛应用。由于傅廷栋教授发现波里马胞质雄性不育材料以及他在国内外发表的数十篇有关油菜杂种优势研究的论文对发展杂交油菜作出的卓越贡献，国际油菜研究咨询机构（GCIRC）于 1991 年在加拿大召开的第八届国际油菜会议上授予傅廷栋教授“杰出科学家”奖章。此后，“波里马”像长了翅膀似的腾空而起，谱写了一曲又一曲新篇章。到 1994 年底国外审定了 12 个油菜雄性不育三系杂种，就有 9 个是用波里马胞质雄性不育系育成的；国内共审定 10 个“三亲家”结缘——“三系”配套的油菜杂种，其中注明不育系来源的5个杂交种中就有4个是与波里马胞质雄性不育系有亲缘关系的。此外，人们对波里马胞质雄性不育材料的遗传、分类、细胞质效应、杂种优势潜力等进行了广泛的研究，取得了一系列研究成果。傅廷栋等于1992年利用波里马胞质雄性不育系育成了我国第一个通过审定的低芥酸雄性不育“三亲家”结缘杂种——华杂2号，1994年又育成了我国第一个通过审定的双低冬播油菜“三亲家”结缘杂种——华杂3号。它们都具有优质（低芥酸、低硫苷）、高产（比常规推广品种中油821增产10%左右）的特点，在湖北、河南、安徽、湖南等省进行了大面积推广。此后，他和团队其他成员共育成优质“华杂”系列杂交种华油杂62、华油杂9号、华油杂12号等36个，累计推广面积达1.5亿亩，创造经济效益约45亿元。

波里马胞质雄性不育系在接受了恢复系传来的花粉受精之后，为什么能够产生强优势的杂种呢？这首先是因为波里马胞质雄性不育系性状优良，它的不育度和不育株率都达到或接近100%，而且它的不育性较稳定，“亲家”好找，综合性状好。其次可以从遗传学来解释，为此提出的假说很多，如显性假说、超显性假说、遗传平衡假说、物理化学假说等。到目前为止，对于杂种优势还没有一个统一的完善的遗传学解释。其中，被较多学者公认的是显性假说和超显性假说。早在1910年A. B. Bruce等提出了显性假说，其基本观点是显性基因对产量有利，隐性基因对产量有害。杂种优势的产生是由于有利显性基因的聚合积累、相互补充的结果。当雄性不育系与恢复系杂交后，不仅把两者有利的显性基因结合起来，而且通过基因互补，还能把对方隐性不利基因的作用掩盖起来，杂交后代就能获得较多的显性基因位点，表现出杂种优势现象，有利显性基因积累得越多，杂种优势就越强。解释杂种优势产生的原因还有超显性假说，又称为等位基因互作假说。该假说认为在一定的范围内，杂合等位基因的差异越大，杂种优势就越大。为什么等位基因的杂合会导致杂种超亲现象呢？这是因为同一位点上的两个杂合等位基因，存在遗传功能上的差别，它们同时发生作用，具有重要有机物质合成的多种途径、产生新的杂种酶，从而会产生某些性状的超亲现象。

生物技术的发展，有力地推动了油菜雄性不育三系选育方法的发展。如采用原生质体融合技术，将双低油菜品种“AWR”的细胞核一次成功地导入波里马胞质雄性不育系中去，替换春油菜Regent的细胞核，育成了具有冬油菜“AWR”细胞核的波里马胞质雄性不育系。运用RFLP（限制性片段长度多态性）技术鉴定法，证明这种核置换是真实的，也是高效率的。美国科学家在20世纪90年代初从油菜的花药中分离出了与花粉发育有关的基因启动子。将这种启动子与雄性不育基因或水解酶构成嵌合基因转入油菜体内，转基因植株会产生新的酶蛋白阻止正常花粉的形成或杀死花粉，从而获得雄性不育植株，这项技术的应用是植物育种技术上的重大突破。今后，为了寻找新的优良的雄性不育系和筛选新的优良杂交组合，应把基因转移、人工诱变、种间远缘杂交、单倍体育种和原生质体融合技术有机结合起来，把常规育种与生物技术结合起来，把优质育种与杂种优势利用结合起来，将大大提高油菜育种效率。选育优质、高抗、高产杂交油菜，是国内外油菜育种工作者所面临的重要任务。

3. 玉米雄花不育系生产优势杂种的奥秘

玉米是世界上主要粮食作物之一。我国的玉米常年种植面积在2100万公顷左右，其面积和产量仅次于水稻和小麦，居粮食作物第三位，在世界上仅次于美国，居第二位。同时，玉米也是重要的饲料和工业原料作物，与国民经济建设、人民的日常生活息息相关。多年来，人们都在努力探索玉米的高产之路。

我们知道，利用杂种优势是提高作物产量的有效途径之一。由于玉米是雌雄同株异花作物，人工摘掉雄花非常方便，繁殖系数也较高，是利用杂种优势最早最广泛的作物。20世纪初期，美国人为了提高玉米产量，开始了玉米自交系及杂交种的研究。20世纪

30年代初期，开始推广玉米商品杂交种子；20世纪50年代中期，全美普及了玉米杂交种。大约在20世纪20年代中后期，前苏联、欧洲一些国家和中国先后开始了玉米自交系杂交种育种研究工作。玉米自交系杂交种在生产上被广泛应用，从而导致在20世纪20年代中期以生产和销售玉米杂交种子为主体的种子行业的兴起，并推动了饲料工业和动物饲养业的发展，促进了传统种植业向现代农业的转化。玉米的杂种优势非常显著，杂交种比普通品种一般可增产20%～50%，甚至更高一些。因而，世界各国都把推广玉米杂交种作为提高玉米产量的重要措施之一。

图4　我国的玉米种植居世界第二位

根据玉米杂交时采用的亲本以及组合方式不同，可将玉米杂交种分为品种间杂交种、自交系间杂交种、品种与自交系间杂交种等。品种间杂交种是用两个不同的玉米品种作为亲本进行杂交所产生的杂交种。一般品种间杂交种比普通品种增产10%～20%。玉米自交系是用玉米品种或杂交种作为原始材料，经过连续多代的人工套袋自交和严格的单株选择而产生的后代。用自交系作为亲本配成的杂交种，称为自交系间杂交种。由于它的父、母本都是通过多代自交和选择而育成的纯良的自交系，杂种第一代的生长优势很强，比普通玉米品种增产30%～40%甚至更高，而且比品种间杂交种还增产20%左右。

根据亲本的多少和组合方式的不同，自交系间杂交种又分单交种、双交种、三交种和综合杂交种等四种。由两个自交系作为亲本配成的杂交种叫单交种。单交种的增产效果最显著，配种手续简单，是当前重点推广的杂交种。据1986年国内不完全统计，共推广玉米杂交种12980千公顷，其中单交种占98.6%，双交、三交和综合杂交种合计只占1.4%。所谓双交种是由两个单交种作为亲本所配成的杂交种；三交种是先用第一个自交系与第二个自交系配成单交种，再用这个单交种作为母本，与第三个自交系杂交而成；综合杂交种简称综交种，是用若干个自交系或单交种、双交种及优良的地方品种杂交而成。综合杂交种的配种方法有两种：一是将若干个自交系或单交种、双交种种子等量混合，播种在隔离区中自由传粉，经过混合选种而成的杂交种；二是用一个自交系或一个单交种或一个双交种作为母本，以若干个自交系或单交种、双交种的等量混合种作为父本，按母本2行、父本1行，相间种植在隔离区中，母本去雄，可接受多种父本的花粉而育成的杂交种。由于参与配制综交种的亲本多，遗传基础比较复杂，杂种优势较显著，也比较稳定，保持的时间长，一次制种可连续利用4～5年。品种与自交系间杂交种亦称顶交种，是用一个优良玉米品种与自交系配成的杂交种。顶交种配种方法简便易行，增产效果也高于品种间杂交种和综交种。

在上述各种杂交种中，除了综交种的杂种优势维持时间长，连续多年作种均有增产效果外，其他杂交种只有杂种一代增产显著，可用于生产，而杂种二代就产生分离，生长不整齐，杂种优势下降，产量降低，不能作种。育种工作者在开展杂种优势利用研究中，经常遇到一个母本去雄的问题，尽管玉米是雌雄异花，去雄比雌雄同花的小麦、水稻、油菜等要容易，但在大面积制种时，人工去雄仍要花费大量人力。因此，人们期盼在生产杂交种时，能拥有一个患有雄花不育症的“母玉米”，再用精选的玉米自交系作为父本，只要两者种在一起，“母玉米”无须去雄，就可以自由接受父本的花粉，“生儿育女”产生杂种了。这样不仅能节省大量去雄人工，降低种子成本，而且可以减少因去雄不净所造成的真杂种与假杂种的混杂，使纯度提高，杂种优势会更显著。以患有雄花不育症的“母玉米”制作杂交种，还有利于种子生产的高度集约化、企业化，促进种子生产现代化。

人们发现，在自然界中，许多外界因素，如高温、辐射、化学药物处理等都可引起玉米的雄花不育，但这类雄花不育特性不能遗传给后代，在育种上不能连年有效利用。因此，人们期盼天然雄花不育的“母玉米”的降临。由于育种工作者卓有成效的探索，人们的梦想终于变成了现实。1931 年 Rhoades 首次从一个来自秘鲁的原始材料中发现了受遗传控制雄花不育的“母玉米”单株。Хаджцнок 几乎在同时从莫尔达维亚的玉米地方品种中发现了雄花不育的“母玉米”。经研究证明，这类雄花不育性属于核质互作类型，简称细胞质雄性不育。它与绝大多数受隐性单基因控制的细胞核雄性不育相比，较容易实现“三亲家结缘”——“三系”配套，是玉米育种中利用的主要类型。进入 20 世纪 70 年代后，玉米育种工作者们发现了上百种的细胞质雄性不育的材料。

玉米是世界上最早利用雄花不育系生产杂交种的作物之一。选育优良不育系是雄花不育育种的首要任务。然而，要使雄花不育系的“母玉米”能够应用于杂交种生产，育种工作者必须当好“红娘”，为“母玉米”选配两个“亲家”，“实现”两亲家“结缘”才行。因为玉米杂种优势只能利用一代，每年配制杂种，需要每年提供“母玉米”的种子，而“母玉米”自己不能“生儿育女”，

图5　玉米工作者必须为“母玉米”选配两个“亲家”

就需要有一种性状相似，如同“双胞兄妹”一样，其雄花可以正常散粉给“母玉米”，让“母玉米”传种接代，并保持其不育性的“种玉米”，即雄花不育保持系。为了能使“母玉米”生产出好的杂交种来，还必须为它选配一个“身强力壮”、品质优良、雄花雌花正常、通过传粉可使“母玉米”“怀胎”、产出能够正常散粉结实且具有强大的杂种优势的“公玉米”。由于这种“公玉米”可使“母玉米”的杂种后代雄花育性恢复正常，所以称为雄花不育恢复系。

在玉米雄花不育育种工作中，选育雄花不育系有多种途径，其中包括：回交转育法、人工诱变选择法、自然变异不育株选择法、远缘杂交法等。其中，以回交转育法最为简单易行，目前生产上推广的雄花不育系大多数是用回交转育法育成的。所谓回交转育法是利用现有稳定的雄花不育系作为基础材料，以优良自交系为转育对象，通过连续回交和定向选择，将不育系提供的不育细胞质和优良自交系的核基因型结合起来，经5～6代回交，即可育成不育性稳定、综合性状优良的新不育系。

应用人工诱变的方法，如γ射线、快中子等各种电离辐射能源以及各种化学诱变剂，都能引起玉米细胞质的遗传突变，诱导产生雄花不育株，通过适当的选择，可以从中得到稳定的雄花不育系。利用自然变异的不育株选择不育系，也是获得雄花不育系的有效途径。类玉米属（Euchlaena）和磨擦禾属（Tripsacum）同玉米一样都起源于拉丁美洲，有一些共同的遗传变异基础，可作为远缘杂交选育不育系的亲本材料。

目前，被人们陆续发现的细胞质雄花不育系基本属于T、S和C三大组群，EK型则属于一种新类型。T型不育细胞质以其产地Texas而得名，S型不育细胞质是从美国农业部收集到的遗传材料中分离出来的，C型不育细胞质来自巴西的玉米品种“Churny”，EK型不育细胞质来源于玉米品种“Eearly King”，故称EK型。T型不育系曾是育种上利用的主要类型，但T型不育系对玉米小斑病T小种表现出高度专化感染，结果导致20世纪70年代初玉米小斑病的暴发流行，给玉米生产造成了十分严重的损失。这说明广泛种植遗传同质性的作物品种，必然会导致该作物的遗传脆弱性，抗逆性差，灾难性病虫害易流行。而T型以外的细胞质不育资源对小斑病T小种均无专化感染，利用这些类型的雄花不育系杂交种不会引起T小种病害流行。因而，目前C型、S型不育系已经取代了T型不育系的地位。近年来，各国玉米育种工作者先后育成了一大批抗小斑病T小种的优良不育系，使雄花不育系的杂优利用取得了较大的进展。我国新育成的雄花不育系如双型、唐徐型、L2型、ZIA型等都对小斑病T小种无专化感染，属于抗病类型的材料。当前，在雄花不育性研究工作中，对现有不育细胞质组群进一步分类的问题受到人们的关注。随着生物技术的发展，特别是细胞器DNA分离和鉴定技术的进步，人们可以在分子水平上分析比较不同类型的细胞质不育系线粒体DNA和叶绿体DNA的差异，为不育细胞质的进一步分类提供了分子遗传学的指标。

细胞质雄花不育系产生的细胞学和生理生化学基础，一直是人们感兴趣的课题之一。许多研究证明，在T、C和S三个主要不育细胞质组群之间，小孢子（花粉）败育方式和时间有明显的差异。如T型不育系小孢子败育开始于减数分裂后不久所产生的绒毡层线粒体结构的异常——膨胀、基质混淆、嵴不规则以至消失等，接着是绒毡层细胞质和核糖体大量消失及绒毡层的提前解体。而C型不育系小孢子败育开始于四分体期或单核期，表现为绒毡层的提前退化或解体，它属于孢子体结构的变异。S型不育系小孢子败育较迟，开始于花粉二核期（初期雄配子体），且主要是配子体本身的异常。正常的花粉能被I-KI液染成蓝色，标志着它含有丰富的淀粉。S型不育系的花粉绝大部分不能被I-KI液染色。在T、C和S型不育系的花药中，氨基酸组成有发生变异的趋势，天门冬氨酸含量增加，而脯氨酸、蛋氨酸和赖氨酸含量降低。不同类型的不育系之间在蛋白质质量和数量上也有差异。在正常花粉发育过程中，线粒体中的细胞色素氧化酶和苹果酸脱氢酶的活性迅速增加，但在T、C和S三种不育细胞质中这两类酶的活性降低，当下降到最低点时，小孢子的发育停止。总的来看，引起雄花不育的原因是错综复杂的，尚待进一步深入研究。

在雄花不育性的利用中，对恢复系的选育是非常重要的。除了要符合常规育种目标外，还应使其具备恢复性稳定、恢复力强等特点，以保证F_1的后代育性恢复正常。选育恢复系常采用回交转育法，即通过连续回交和恢复系的选择，把恢复基因导入优良自交系的核基因型中，使优良性状和恢复性结合起来；其次可采用测交筛选法，即以不育系作为测交种，与现有优良自交系进行广泛测交，根据测交后的育性反应，可以筛选出优良的恢复系；还可采用“集恢”选育法，即将一定数量的恢复系和优良自交系进行复合杂交，组配成综合群体，在遗传物质重组过程中，使恢复基因和其他优良基因结合起来。在这种“集恢”选育中，具有恢复力的单株出现几率较高，则可优中选优，以育成恢复力强、性状优良、配合力高的恢复系。华中农业大学用此法配成了恢综1号，并从中选出了强恢复系14个，占33.5%。

在玉米育种过程中，常常把不育性育种和常规育种有机地结合进行。在选育多种细胞质类型和多种优良核基因型不育系的基础上，选择适宜的不育系作为测交种，有计划地同多种自交系测交，同时鉴定它们的配合力和育性反应，可以直接为“母玉米”挑选“亲家”结缘，实现“三系”配套和优选杂交组合，这样可以大大缩短育种周期。

在雄花不育育种工作中，利用多样化的不育细胞质源是克服遗传脆弱性的有效途径。具体方法是利用同一核背景，将多种细胞质不育系和多型恢复系杂交组配的同名杂交种按比例混合，即可合成多细胞质雄花不育系杂交种。华中农业大学玉米研究室在 M_{017} 背景下，育成双型 M_{017} 不育系、唐徐型 M_{017} 不育系，并引进C型和S型 M_{017} 不育系，将这些不育系和多型恢复系杂交，然后混合成多细胞质的华玉2号雄花不育系杂交种。因而，华玉2号对环境的适应性和对潜在病虫害的应变能力强，杂种优势明显，增产效益显著，稳产性好，配合力高。多细胞质杂交种还可以抑制新病理小种的增殖速度，避免病害的大流行。

在开展雄花不育育种时，本着保证优势、保证质量、方便制种、节约制种的原则，可以采用多种方式利用雄花不育系杂种优势。其中恢复型雄花不育系单交种是生产上利用“三系”创高产的最常见方式。这种方式是以雄花不育系作为母本，恢复系作为父本，在隔离条件下不用人工去雄便可生产大批杂交种。此外，雄花不育系三交种也是利用雄花不育系杂交种的有效途径，具有制种产量高、制种成本低、杂种优势强等特点。

目前，国内外在玉米雄花不育系杂交种的研究和大面积生产应用方面，均取得了较大的进展，我国是开展玉米雄花不育研究较早和进展较快的国家之一。近几年来，湖北、河南等省的一些玉米育种单位都加强了玉米雄花不育的育种研究工作，并取得了可喜的成果。华中农业大学玉米研究室对评选出的优良自交系经多代转育，育成了两个不育性稳定的雄花不育系：唐（双）H285cms 和 S801cms。1996 年鉴定杂交组合 520 份，其中 24 份组合产量超过对照华玉 3 号，增产 15% 以上。此后，还育成了一批抗病、高产、适应性广的新玉米杂交种如华玉 4 号、华玉 5 号、华玉 6 号、华玉 8 号、华玉 10 号等，推广面积达 133 万公顷以上。加强玉米雄花不育的深入研究，广泛采用雄花不育系生产玉米杂交种，仍是当前和今后玉米育种工作者的一项重大任务。

4. 小麦育种的新突破——杂交小麦的育成和利用

我国是一个农业大国。农业是国民经济的基础，粮食是基础的基础。杂种优势利用是提高粮食产量的有效途径。小麦是我国仅次于水稻的第二大粮食作物。小麦杂种优势显著，利用小麦杂种优势，必将大幅度提高全世界粮食作物的产量。那么，杂种优势是怎么一回事呢？两个遗传性状不同的品种或类型经过杂交，其杂种一代比双亲具有较强的生活力、生长势、适应性、抗逆性和丰产性，这种超亲现象称为杂种优势。生物界广泛存在着杂种优势现象，有的已被人们利用。植物也有杂种优势现象。例如许多异花授粉的植物就存在着自然杂种优势的现象。最早被人们有目的地利用的是玉米。在 20 世纪 30 年代杂种玉米已在生产上得到了应用，其单产比普通玉米增产 20% ~40%。70 年代，我国杂交水稻实现了“三系”配套，并在大面积生产上推广应用，开辟了自花授粉作物杂种优势利用的新途径，取得了巨大的经济效益和社会效益，为人们展现了杂种优势在农作物生产上广泛应用的美好前景。

当前，国内外在小麦杂种优势利用方面研究最多、开发应用最早的小麦雄性不育系，是 Wilson 和 Ross 1962 年所发现的具有 T. timopheevi 细胞质的 T 型不育系。经过数十年的努力，已经取得了许多重要成果。据报道，目前通过小麦与其近亲种属间的杂交和置换回交所得到的各种类型的小麦雄性不育系至少在 70 种以上。

此外，还有不少关于自发突变、杂交分离和人工诱导的细胞核雄性不育性的研究报道。Tsunewaki 认为在小麦属和山羊草属的 16 种细胞质类型中，在杂种小麦育种上可作为雄性不育性材料应用的是 D^2、G、M^u 和 S^v 型细胞质雄性不育系，其中 G 型（包括 T 型不育系）已被大量应用于杂种小麦的研究。S^v 型细胞质不育系的杂交种比 G 型细胞质不育系的杂交种产量高，恢复源广，是最有前途的一种雄性不育类型，并且在 S^v 型中育成的 K911-B-10 不育系已投入生产使用。D^2 型属于光周期敏感不育类型，尚在研究中。我国蔡旭教授早在 1965 年就从匈牙利引入了美国 T 型材料。广大科技工作者在蔡旭教授倡导的“开放育种”的协作精神指导下，在研究利用 T 型不育系选育杂种小麦的同时，也开展了选育各种新型小麦雄性不育系的研究，大致可分为以下三种类型：第一种是异质小麦雄性不育系，如具有粘果山羊草细胞质的 K 型 1B/1R 易位不育系、具有偏凸山羊草或易变山羊草细胞质的 V 型不育系、节节麦细胞质雄性不育系等；第二种是普通小麦细胞质雄性不育系，如 A 型不育系、8101A 不育系等；第三种是细胞核雄性不育系，如 VE 型、兰标型不育系等。在上述雄性不育类型中，K 型和 V 型 1B/1R 雄性不育系，既易保持，又易恢复，恢复源广，种子饱满，发芽率高，有较大的应用前景。上述 K 型雄性不育系是如何选育出来的呢？杨天章等按照细胞核—细胞质互作产生雄性不育性的原理，利用具有粘果山羊草细胞质的异质小麦 K-Chris 作为细胞质源，以我国选育的一些 1B/1R 易位系品种或品系作为轮回亲本，进行杂交和核置换回交多代以后，便获得了性质优良的 K 型小麦雄性不育系。

目前，K 型、V 型小麦雄性不育系已经回交10 代以上，经过不同年份和地区的试验，不育性状和农艺性状都已稳定，并已实现“三系”配套，投入了杂种小麦选育的应用研究，以 K 型不育系配制的杂交组合已表现出了明显的杂种优势。然而，杂种的恢复度（指不育系与恢复系的杂交种的单穗自交结实率）比较低，若进一步提高恢复系的恢复度，杂交种的产量将会进一步提高。这也可以说明，育性恢复的研究对杂种小麦应用是至关重要的。

在杂种小麦中育性恢复的广义概念是指母本通过异交而恢复结实。将一些正常可育的品种或自交系的花粉授给不育系的柱头后，不但使其结实正常，而且使其 F_1 的不育特性消失，正常散粉（自交）生育能力恢复，即所谓雄性不育恢复系（简称恢复系）。育性恢复正是通过恢复系提供恢复基因实现的。根据恢复系的细胞质与T型不育系细胞质的关系，可将恢复系分为两大类，一类是具有T型不育系细胞质的恢复系，叫同质恢复系，应用较广泛；另一类是不具有T型不育细胞质的恢复系，称为异质恢复系。选育优良恢复系是小麦杂优育种的关键。20世纪80年代以来，我国育种工作者采用广泛测交筛选、杂交选育和基因转育或累加等方式育成了一批综合性状优良、恢复力高而稳定、表现中矮秆、抗病性好、制种性状优良的T型、K型、V型不育系的恢复系，如原恢8501、原67/北15、T-6-3、87F6820、77-65-1R等，实现了“三亲家”结缘——“三系”配套，并已配制出了一大批增产显著和适应不同生态区的强优势组合。这些组合经过3年以上的多点试验和试种，增产9%~25%。如VH8801比对照小偃6号增产21.6%。20世纪90年代以来，全国许多有关单位还相继选育出了一批显性矮秆不育系。用矮秆不育系配制的半矮秆杂种小麦已进入了大面积生产试验。目前，杂种小麦正在全国开展大面积推广应用，随着杂种小麦的生产利用技术不断完善，我国的小麦生产登上一个新的台阶。

二、农作物遗传改良走向何方

人类在开展农作物遗传改良实践中，利用杂种优势，在增加作物产量、改进品质及提高劳动生产率等方面都取得了显著成效。这是人类在整体植物水平上认识并改良作物遗传的成功范例，但作物杂种优势利用方面，也有不尽如人意之处，如有的杂交作物产量高，但品质不好；有的表现高产优质，但易感染病害；有的蔬菜杂

图6　在杂交作物方面也有不尽如人意之处

种产量高，但不耐贮藏。多种作物杂交一代的产量出现徘徊不前的局面，人类对作物的认识有待深化。要解决上述问题，需要加强作物遗传育种基础学科的研究，充分利用高新技术，循着多条途径，采用多种手段，进行作物遗传性状改良。近年来，科技工作者一方面在细胞水平上采用原生质体培养、细胞融合技术对作物进行改良并取得了不少成果；另一方面由于分子生物学的迅速发展，人类对植物的认识正在从整株、器官、组织、细胞水平向分子水平深入，从而导致了作物遗传改良的高新技术——植物基因工程的问世。随着分子遗传学的发展和植物基因工程手段的革新，人们逐步识别了许多控制植物各种性状的基因。通过基因转移技术，已获得了一批高产、优质、抗虫、抗病毒、抗真菌、抗除草剂的转基因植物，并已开始进行田间试验和推广。可以预言，21 世纪的农作物遗传改良，将会在分子水平上充分发挥植物基因工程技术的主导作用，并且在整体水平、细胞水平上对农作物实现全方位的改良，使农业生产产生新的飞跃，使 21 世纪真正成为“生命科学世纪”。

1. 21 世纪的生物基因工程农业

现代生物技术是 20 世纪 70 年代初产生的一门新兴科学。自从重组基因技术、单克隆抗体获得成功以来，已在动植物繁殖、育种、病虫害防治等方面，取得了一系列重大突破，获得了用传统和常规方法无法替代的效果。近年来，特别是生物基因工程技术在农业上的应用，硕果累累。目前世界上已取得成功的转基因工程植物有 400 多种，畜禽 100 多种，有的已进入试验示范阶段，有的产品已获准上市销售。据专家们预测，到 21 世纪末，生物基因工程技术产品的销售额可达 1000 亿美元，其中农业基因工程技术产品回收的利润，比从生物工程技术制药回收的利润高出 10 倍，所获得的效益是投资的 40 倍。

什么是基因？生物基因工程又是怎么回事？其实“基因”是

一个外来语，按字面解释是基本因子，是控制生物性状遗传物质的功能单位和结构单位，用英文表示为gene；从化学结构看，基因就是位于染色体上的DNA片段。它是具有一定遗传效应的DNA分子上的特定的核苷酸顺序。基因是遗传信息传递、表达和性状分化、发育的根据。一切环境因子都是通过基因来影响生物遗传的。所谓基因工程，也就是DNA重组技术，其关键是在生物体外把所需的基因切割加工和重新组合，然后导入另一生物体的活细胞内，以改变该种生物体的遗传性状，或创造出新的生物品种来。生物基因工程农业，正是利用农杆菌、基因枪、电击、显微注射等高新技术手段，将外源重组基因移植、转化到另一作物组织细胞的基因内，使受体具有已知优良性状或特殊用途，达到优质、高产、多抗的目的。

近年来，国内外科学家利用生物基因工程技术，在农业上培育出不同优良性状的新品种，特别是具有优良抗病性以及特殊用途的新品种，不断取得突破性的新成果。据有关研究资料，黄瓜花叶病毒可危害近800多种植物，包括西红柿、芹菜、莴苣、瓜类、甜椒等。美国马里兰州的科学家正在应用一种被称为病毒随体的基因片段，由于这种基因片段带有一种关键性酶，使入侵病毒不能复制和致病，把这种病毒随体以基因工程方式转录于西红柿细胞体中，使之发育为结果植株，其后代就具有抗花叶病毒的新性状，且田间试验结果令人满意。我国农业科技人员在利用生物基因工程技术育种方面，也取得了十分可喜的成果。中国农科院生物技术研究中心在建立马铃薯抗菌肽基因工程技术体系的基础上，成功地获得了马铃薯抗青枯萎病毒的新株系。

随着分子克隆（无性繁殖）和转基因技术的迅速发展，各种农作物的优良性状、特殊基因，可以在动植物、微生物之间相互转移，甚至可将人工合成的基因导入生物体中。利用这一高新技术，人们可以得心应手地创造出千姿百态的新品种、新性状。这种异种生物体之间的基因工程技术，把生物基因工程农业推向了新的更高水平，应用范围更加广泛。据有关资料，菲律宾国际水稻研究所的专家们正在研究和培养抗虫水稻新品种。这种抗虫水稻是将苏云金芽孢杆菌（Bt）的杀虫基因，采用工程技术移植到水稻植株细胞体内，使水稻具有抗虫新特性。近年来，我国的农业专家通过协作攻关，也成功培养带有 Bt 基因的抗虫棉，在南北方主产棉区共 66 个试验点的试种结果，证明抗虫棉对棉铃虫的抗性明显增强。

美国在生物基因工程方面一直走在世界的前列。自从 1994 年美国批准第一个转基因延熟番茄上市以来，到目前已有 20 多种转基因产品投放市场。

我国转基因作物研究始于 20 世纪 80 年代，1986 年启动的 863 计划起了关键性的导向、带动和辐射作用。现正在研制的转基因作物达 50 种以上。

1997 年 7 月华中农业大学研究培育成功的转基因耐贮番茄，已通过国家农业生物基因工程安全委员会审批，正式获准上市，成为我国唯一首家获准上市的转基因农产品。

除了转基因番茄正式上市外，我国还有一批转基因农产品正在做上市前的准备工作。这些产品包括抗虫方面的转基因棉花、水稻，抗病毒方面的转基因马铃薯、烟草，提高营养品质方面的转基因马铃薯等。转基因抗病毒番茄和甜椒已进入商品化，生物杀虫剂进入实用化，我国科学家发现新型 Bt 杀虫基因约 20 余种，占世界 Bt 杀虫基因的 1/3。

随着转基因生物产品和农产品的日益增多，转基因产品的安全性一直是公众关注的焦点。有少数国家拒绝进口美国的转基因玉米、大豆，1997 年 4 月，奥地利就发生要求禁止销售转基因食品的国民签名活动，该国议会因此审议禁止在国内销售转基因食品的立法问题。

转基因农产品遭到一些欧洲国家的强烈反对，这并不表明生物基因工程农业及其产品会对人体、环境带来危险。我国农业生物技术权威人士认为，转基因农产品不存在现实的危险。人们从未怀疑

图7 少数国家拒绝进口美国的转基因玉米和大豆

过常规育种的安全性，如果用常规育种作为参照，应该说转基因品种更为安全。因此，从本质上讲，转基因农产品和常规育成的新品种是同一原理，两者都是在原有品种基础上，对部分性状进行修饰或增加新性状，或消除原有不利性状。只不过其中一些目标性状，如涉及多基因控制的高产性、稳产性，用常规育种技术更容易成功，而另一些性状，如抗虫性、除草剂抗性等，则用基因工程技术更容易实现罢了。

正是对于生物基因工程农业的以上基本认识，1996 年 4 月，根据国家科委 1993 年 12 月 24 日颁布的《基因工程安全管理办法》，农业部颁发了《农业生物基因工程安全管理办法》（以下简称《安全法》）。农业部为此专门成立了农业生物工程安全管理委员会。《安全法》按照潜在的危险程度，将基因工程工作对人类健康和生态环境的危害分为：不存在危险、具有低度危险、具有中度危险和具有高度危险4级，并规定从事基因工程工作的单位，应分类分级申报，经审定批准后方能进行相应的工作。同时，《安全法》还规定了具体安全措施和预防事故的应急措施，以及法律责任。这标志着我国生物工程农业的管理，已逐步走上了法制化的轨道。

2. 基因枪射向农作物改良

过去，人们只听说过世界上有火枪、步枪、机关枪、冲锋枪等，可如今时代不同了，从未听说过的基因枪问世了。所谓基因就是具有一定遗传效应的脱氧核糖核酸（DNA）分子上的特定片段。所谓“基因枪”就是一种类似普通枪可以将载有外源DNA的1μm的小子弹以40米/秒的速度直接射入植物细胞中，使附带的DNA在植物细胞中得到表达的工具。基因枪按其动力不同可分为火药引爆基因枪、压缩气体驱动的基因枪、高压放电基因枪。火药引爆基因枪的特点是塑料子弹和阻挡板。塑料子弹的前端是带有外源DNA的钨（或金）颗粒。当火药引爆时，塑料子弹带着钨（或金）颗粒向下高速运动，至阻挡板时，塑料子弹被阻挡，而其前端的钨（或金）颗粒继续高速向下运动，击中样品室中的靶细胞。压缩气体驱动的基因枪是以氦气、氢气、氮气等驱动的PDS-100系统。它把载有外源DNA的钨（或金）颗粒悬滴在金属网上，在压缩气体的冲击下，射入靶细胞。高压放电基因枪的优点是可以无线调节，通过改变工作电压、颗粒运行速度及射入深度，可准确控制载有外源DNA的钨（或金）颗粒到达能够再生的细胞层。

基因枪最早是由美国康乃尔大学生物化学系Santord等于

1983 年研制出来的，加速的动力是火药爆炸。他们为什么要设计、生产这种新式“基因枪”呢？这是因为人们在利用植物基因工程转移基因时，通常是借助农杆菌来完成的。进入 20 世纪 80 年代后，随着科学技术的发展和基因工程对市场的需求，一些转移基因的新技术就登台了，如 PEG（聚乙二醇）介导法、电击穿孔法、基因枪法等，其中最引人注目、最受欢迎的是基因枪法。这是因为基因枪法有许多长处。首先，基因枪法无宿主限制。过去采用土壤农杆菌只对某些双子叶植物敏感，而对单子叶禾谷类作物不敏感。基因枪法对各种植物及动物、微生物都适用。其次，受体类型广泛。PEG、电击等介导的基因转移需要以原生质体为受体，而基因枪法可选用易于再生的受体，如叶圆片、悬浮细胞、种子胚、愈伤组织等，只要具有潜在分化能力的组织或细胞，都可以用基因枪加以轰击。再次，可控度高，采用高压放电或高压气体驱动，可将金属颗粒射入特定层次的细胞，从而大大提高了遗传转化效率。基因枪操作技术简单、快捷，而且对受体细胞的正常生命活动影响小。其缺点是花费较大，转化效率较低，但可以与其他转基因技术结合使用。农杆菌介导法和基因枪法各有自己的优缺点，通过结合两种方法的特性，互相取长补短，就有可能提高转化效率。

基因枪的诞生，为基因工程提供了方便，为农作物、动物、微生物遗传育种提供了一条广阔的途径。目前，已经取得了丰硕成果。1987 年，Klein 等首次报道用基因枪加速的钨颗粒对面积为 1 平方厘米、具有 2000 多个细胞的洋葱组织块进行轰击时，约有 90% 的细胞同时被穿孔，使表面吸附有烟草花叶病毒 RNA 的钨颗粒进入洋葱细胞，并在受体细胞中检测到了病毒 RNA（核糖核酸）的复制。许多国家在大豆、棉花、小麦、烟草、水稻、玉米、菜豆、洋葱、甜橙、葡萄等农作物上都用基因枪法获得转基因植株，有的还进入了田间试验。另外这种方法也用于基因治疗和抗体制备，并已取得成效。

3. 转基因番茄“呱呱落地”

番茄是世界上最主要的蔬菜之一，栽培面积大，产量高，居蔬菜作物首位，且保持不断增长的势头。据统计，1973—1986 年，世界番茄产量增长 35.5%，1990 年和 1993 年分别达到 69×10^6 吨和 70×10^6 吨。在我国番茄栽培面积也很大，到 1983 年番茄栽培面积就达到 2.84×10^5 公顷，2006 年番茄栽培面积则达到 8.34×10^5 公顷，居世界番茄主产国第一位，占世界番茄栽培总面积的 4.4%。目前，世界上生产的番茄主要有两种用途：一是作鲜食番茄，二是作加工番茄。在生产上，栽培的都是番茄的普通品种。随着现代分子生物学和生物技术的发展，尤其是植物基因工程技术和细胞工程技术的发展，科学家已能够对番茄的基因进行克隆和离体操作，使之按照人类的要求进行连接，再导入到番茄基因组中，形成转基因番茄。现在，世界上已有美国、英国和中国采用现代生物技术培育出了转基因番茄品种，正在进行大规模的商品化生产，由于这些转基因番茄导入了特殊的“耐贮藏”基因，比普通的番茄品种更耐贮藏和抗软化，同时又保持了普通番茄品种的丰产和优质的特性。转基因番茄品种对延缓番茄果实的成熟，防止果实腐烂，减少损失，均衡番茄市场供应有重要意义，而且，在番茄果实加工和保鲜上也有重要作用。

美国和英国的转基因耐贮藏番茄品种，是利用番茄果皮细胞壁中分解果胶的一种酶的基因，即多聚半乳糖醛酸酶的基因的反义基因而育成的，该转基因番茄品种果实成熟缓慢，果实中的营养成分、品质、风味与基因转化之前的品种是一样的，但果实硬度增大，软化变慢。因此，这种基因工程番茄品种的诞生，是适应了发达国家的番茄机械化生产和居民消费习惯及供应市场的要求而形成的。同时，这类转基因番茄品种在进行番茄加工时，能改善番茄酱品的加工品质，提高番茄酱的黏度，延长罐装番茄酱的保鲜期。可见，这种转基因番茄具有重大的经济效益和社会效益，所以，美国农业部、美国食品和药物管理局及英国农牧渔业部分别于1994年和1996年批准了这些转基因番茄品种进入商业化生产。

在我国，华中农业大学园林学院及作物遗传改良国家重点实验室叶志彪等人利用另一种控制番茄果实成熟酶的基因，即乙烯形成酶基因进行了基因的克隆、反向亚克隆和遗传转化工作。利用植物催熟激素——乙烯的基因所产生的反义转基因番茄品系，也同样具有果实成熟缓慢的特性。他们将所得到的乙烯形成酶反义转基因番茄品系与普通的番茄品种杂交，选育出了贮藏性好、产量高、品质优的杂种一代转基因番茄品种，并于1997年6月通过了国家生物工程安全委员会安全性评审，批准进行商业化生产。这是我国到目前为止所通过的可进行商品化生产的唯一一个作物基因工程品种。在1997年，该杂种一代转基因耐贮藏番茄品种通过了湖北省农作物品种审定委员会的品种审定。

目前主要应用现代的反义基因技术，即将反义基因导入到番茄植株中获得转基因番茄。所谓反义基因，是利用番茄的DNA（或人工合成的DNA），再反向装上启动子，这样反向克隆的DNA就能像正常的DNA一样，转录出反义RNA。这种反义RNA可以阻止植物体内相应的基因的正常转录和表达，降低相应酶蛋白的合成。在转基因番茄中导入的是多聚半乳糖醛酸酶反义基因以及乙烯形成酶反义基因，这些反义基因就可以降低番茄植株体内控制多聚半乳糖醛酸酶以及乙烯形成酶蛋白的生成量，由于这些酶蛋白的生成量减少，酶的活性则降低，使促进果实成熟的乙烯释放量大大减少，从而达到了延缓番茄果实成熟的目的。

怎样将这些基因提取出来呢？首先是将果实中的核糖核酸（RNA）片段提取出来，再逆向转录为脱氧核糖核酸（DNA），通过筛选，得到特定的基因，将这些控制成熟的特定基因装上开关（启动子和终止子）以及选择标记，装载到一种细菌的环形DNA分子上，这样，一个完整的基因就形成了，这就叫质粒构建。转基因番茄所用的基因就是乙烯形成酶反义基因或多聚半乳糖醛酸酶反义基因。

基因装好后，需借助另一种细菌（农杆菌）的DNA分子将它转移到番茄植株中去。转化的程序是先将基因转移到番茄子叶的细胞中，然后将转入了基因的子叶细胞进行培养，再生成为植株。具体做法是将灭菌的番茄种子接种在试管或三角瓶的培养基中发芽，取幼苗的子叶并切成小块，放在再生培养基上培养，这些培养基中已加入幼苗生长和分化所需要的一些无机元素、维生素、生长素、细胞激动素、糖、水分以及凝固剂。这样培养2天后，再用带有反义基因的农杆菌感染，通过子叶和农杆菌在培养基上共同培养，农杆菌就可通过子叶受伤细胞，将反义基因导入到番茄细胞中去，然后加入抗生素杀死农杆菌和非转基因的番茄子叶细胞。而那些转化的子叶细胞则可在这种再生培养基上继续生长和分化，长出芽和根，最后发育成为一棵完整的小苗。所有这些都要求在无菌的条件下继续操作。带有发育基因的小苗经过适当的锻炼后，就可转到带土的花钵中或苗床中，通过精心的管理，小苗长成植株，开花结果，产生种子。

为了进一步鉴定所转移的基因是否进入到番茄植株体内，并在后代中稳定遗传传递，还有一系列的检测工作要做。首先是可以通过DNA分子检测，即把转化植株或所收获的种子长成幼苗，提取其遗传物质（DNA），再进行分子杂交，就可证明这个基因是否在该植株体内。此外，对转化当代和后代植株进行乙烯形成酶或多聚半乳糖醛酸酶的生物活性的测定，或对这些酶控制生成的物质（如乙烯）进行测定，也能鉴别目的基因是否存在及其表达水平。如果酶的活性及产物生成量比未转化品种明显减少，则说明目的基因已经转移进去了。接着是对转基因番茄品种进行生产评价，包括生产性和贮藏性评价。

最后还要进行转基因植物及其产品的安全性评价。按照有关国家法规和条例的要求，对转基因的番茄要进行毒理性、环境释放等检测，评判其是否对人、畜及生态环境有不良影响，通过专家的严格审查，认为是安全的，方可批准作为商品化生产。

4. 植物原生质体培养、融合技术进军果树品种改良

世界上的生物种类繁多，千差万别，五彩缤纷，但一切生物的基本结构单位都是细胞。与动物细胞相比，植物细胞的显著特征之一是具有主要由纤维素组成的网状结构——细胞壁。细胞壁具有多

图 8　一切生物的基本结要单位都是细胞

种生理功能，它与其他的细胞器息息相关，对细胞原生质体的生命活动有很大影响，但它的存在给细胞生物学的研究带来一定的困难和复杂性。目前，已知植物的原生质体及其衍生系统，不仅是探索生命活动理论研究的良好体系之一，还可以通过原生质体培养开展原生质体融合与体细胞杂交研究，从而应用于农作物和经济植物的某些性状的改良及获得多倍体和体细胞杂种，在生产上应用前景广

阔。因此，人们很早就期望得到裸露的植物细胞——原生质体。早在1880年Hanstein首次启用原生质体一词，Cocking于1960年首次用酶解法降解细胞壁，获得了番茄根尖原生质体，有力地促进了近代植物原生质体研究的迅速发展。1971年Takebe等便在世界上首次获得了烟草叶肉原生质体培养再生植株的成功，1985年和1986年Fujimura等和Spangenberg等也分别得到了水稻和油菜原生质体培养的再生植株。

近年来，植物原生质体培养再生技术取得了长足的进步。全世界已有分属于茄科、十字花科、菊科、豆科和禾本科等49个科、146个属的320多种植物经原生质体培养得到了再生植株。研究的对象以农作物和经济植物为主，并出现了从一年生向多年生、从草本植物向木本植物、从高等植物向低等植物扩展的趋势。在原生质体培养再生技术的基础上，原生质体融合技术迅速发展，目前已经开发了体细胞/配子体原生质体融合和原生质体/亚原生质体融合等不对称融合技术，建立了更有效的融合、杂种筛选和鉴定系统，使原生质体融合成为基因转移的一种有效途径，日益显示出它在作物品种改良、获得新的杂交种方面的巨大潜力。

在果树方面，由于果树大部分属于多年生木本植物，育种周期长，遗传背景复杂，常出现有性杂交不亲和性，对常规育种带来许多困难，而果树基因工程育种主要对单基因或少数基因控制的性状转移有效，对多基因控制的与果树高产、优质、抗逆性有关的性状，则很难奏效。因此，原生质体培养再生技术和原生质体融合技术，将会在果树目标育种上发挥其独特作用。事实上也是这样，果树原生质体培养的研究在烟草获得成功以后不久便开始了。柑橘是所有果树中原生质体培养研究最早、进展最快的树种。1975年，以色列的Vari等首次获得Shamouti甜橙的原生质体培养再生植株。1983年日本的Kobayashi也获得了Trovita甜橙原生质体培养再生植株。1988年邓秀新等也从锦橙和山金柑珠心诱导的愈伤组织中分离原生质体，并培养出再生植株。迄今，已获得了10科16属果树的原生质体再生植株，包括柑橘类、苹果、葡萄、梨、猕猴桃、荔枝、李、杏、枣、枇杷等大宗果树。许多研究者还把这一技术应用于进一步的细胞融合、突变体筛选和遗传转化的研究中。1985年，Ongawara等采用PEG（聚乙二醇）诱导融合，首次获得了柑橘的体细胞杂种植株，这标志着原生质体融合技术在果树品种改良上应用的开始。随后，又获得了猕猴桃、菠萝、柿子等多种果树的种内、种间、属间、亚族间，甚至亚科间的近100个组合的体细胞杂种或胞质杂种。目前，采用原生质体培养、融合技术，虽然还没有培养出一个理想的新品种，但已得到了可望作为多抗砧木类型或有价值的育种材料的融合杂种新种质。

在果树中，柑橘类原生质体研究为什么进展较快、成绩突出呢？这主要是因为植物原生质体培养、融合技术为解决柑橘育种工作中遇到的珠心胚干扰、性器官败育等提供了有效手段。

胚性愈伤组织是进行柑橘原生质体培养和融合的最佳起始材料。如何才能获得胚性愈伤组织呢？所谓胚性愈伤组织是指由组织培养中外植体（被培养的细胞、组织或器官等）产生的具有胚胎发生能力的愈伤组织。获得胚性愈伤组织有多条途径。一般是将开花后2~8周的珠心组织培养在MT基本培养基上，附加吲哚乙酸0.1~0.5毫克/升、激动素0.5~1.0毫克/升，即可诱导出胚性愈伤组织。从败育的胚珠中也可诱导出胚性愈伤组织。邓秀新等1988年把成熟的山金柑种子播在MT基本培养基中，50天后有16.7%的幼苗从子叶下0.1~2.0厘米处也产生了胚性愈伤组织。迄今，邓秀新柑橘团队已建立起包含世界主要种类和品种70余个基因型胚性愈伤组织库。“脐橙”败育胚珠易诱导胚状体，而不易获得能继代培养的胚性愈伤组织。叶新荣等在1991年，在MT基本培养基中加入$AgNO_3$5毫克/升，以抑制乙烯产生，获得了该品种的胚性愈伤组织。通过以上各类途径获得的柑橘类愈伤组织在无外源激素的MT培养基中均能继代保存，并能保持较好的胚胎发生能力，可作各类研究材料使用。

有了胚性愈伤组织后又如何进行原生质体培养再生植株呢？目前，果树原生质体的分离都采用一步法，即将混合酶液中所有成分配在一起，酶解一次完成，胚性愈伤组织与酶液之比为1∶10。因为柑橘愈伤组织含有较多的淀粉粒，酶解时易破裂，为解决这一问题，可在酶液中加入一些渗透压稳定剂和膜稳定剂，并采用低浓度酶液（果胶酶和纤维素酶各0.3%～0.5%）。酶解在恒温（25℃～28℃）、黑暗或弱光下进行。低速摇动（35～40转/分钟）能够加速原生质体的释放。酶解时间通常在10～20小时。酶解完毕，采用甘露醇—蔗糖界面离心法收集、纯化原生质体。

获得了原生质体之后，可采用液体浅层培养。该培养方式通气性好，便于添加新鲜培养基和培养物转移，成株时间也缩短，是果树上广泛采用的方法之一。近年来，人们采用低熔点琼脂糖包埋法对原生质体融合体进行培养，其效果优于液体浅层培养，具有促进原生质体分裂的作用。1992年Ochatt等采用固液双层培养，促进了梨的原生质体再生。Grosser等人取消了MT基本培养基中对原生质体有毒害的无机态氮，采用谷氨酰胺为氮源，建立了BH_3培养基，大大提高了柑橘原生质体的分裂频率，已成为柑橘原生质体培养中较为通用的培养基。柑橘原生质体可以在不加任何外源激素的情况下就能分裂，形成多细胞团，进而发育成胚状体。而其他果树原生质体培养时，则必须加入生长素类和细胞分裂素类。用电脉冲处理原生质体，促进了细胞分裂和植株分化。

果树原生质体再生植株的方式，可经由胚状体发育成植株，也可从愈伤组织诱导根、芽分化，长成完整植株。对于后一途径，不定芽的诱导是关键步骤，主要是通过调节培养基中CTK/IAA比值来实现的。提高CTK/IAA比值有利于芽的分化。分化培养基的蔗糖浓度，以2%～3%为适宜。供试植株最好生长在控制条件下，可提高原生质体的细胞分裂率和再生能力。通过大量试验结果分析，原生质体培养再生植株能否成功，主要取决于三个关键环节：一是培养植物材料的基因型选择；二是原生质体来源的选择；三是培养基、培养方法和培养条件的选择。以上三个环节，如果能够环环扣紧，就可以获得成功。

在原生质体培养技术基础上，如何进行细胞原生质体融合，产生体细胞杂种呢？具体方法可以采用聚乙二醇（PEG）诱导融合法。就是将一个亲本的胚性愈伤组织或悬浮细胞系的原生质体与另一个亲本的叶肉细胞原生质体融合。近年来，有人采用电场诱导融合也得到了柑橘体细胞杂种。融合后的原生质体，经再生技术体系，获得再生植株。在培养过程中，再生植株必须通过植物形态、染色体数目、同工酶谱和脱氧核糖核酸（DNA）图谱等指标进行鉴定，以确认是否体细胞杂种。

体细胞杂交后，把不同亲本的所有遗传物质都融合在一起，很难排除不利性状的进入。近年来，采用胞质杂种，巧妙地解决了这一难题。Vardi 等 1987 年应用供/受体融合系统，得到了具有枳橙胞质和酸橙细胞核的胞质杂种。

利用原生质体融合及其相关技术也可培养出三倍体品种。目前，主要有两个途径：一是用一亲本的体细胞原生质体与另一亲本的性细胞（如花粉母细胞减数分裂后的四分体小孢子）原生质体融合，培养再生植株，一步即可获得三倍体类型；二是将体细胞杂种与二倍体品种杂交，也可培育出三倍体品种。华中农业大学柑橘研究所运用这一途径，获得了三倍体柑橘植株。

由于原生质体培养再生植株都是单细胞起源的，每个原生质体都有同等的再生机会，原生质体培养为突变体的分离、纯化及离体诱变提供了有效途径。Gentile 等 1992 年利用原生质体再生体系，获得了抗黑星病的柠檬突变体。还可以利用聚乙二醇诱导或电击法进行遗传转化研究，已再生出了转基因植株。

在果树生产上，可利用原生质体培养、融合技术，使一些有益的基因资源转移到生产上的砧木中，从而有可能得到组合多种抗性性状的砧木类型，甚至成为广亲和的通用砧木。原生质体培养、融合技术，还可应用于栽培（接穗）品种的改良。原生质体融合产生的杂种常导致育性下降或不育，这对于多数采用无性繁殖的果树来说，育性下降或不育倒是个优良性状，可能产生无籽（或少籽）果实。同时由于果树是可以进行无性繁殖的植物，通过原生质体培养、融合所获得的杂种，只要农业性状优良，符合育种目标，就可以直接采用无性繁殖方法获得遗传性状稳定的无性系品种。这体现出原生质体培养、融合技术在果树品种改良上的特殊价值，其应用前景是无限广阔的。

图9 果树是可以进行无性繁殖的植物

5. 高产水稻再高产——“超级稻”育种

在解决世界粮食危机的过程中，尽管“三系”杂交水稻在中国取得了巨大的成功，但在20世纪内得到普及推广并完成增产粮食的历史任务后，新的增产潜力将很有限。未来的增产任务必须靠新的良种来完成。1996年，袁隆平提出，今后杂交水稻的育种技术要把改良株型和提高生理机能结合起来，并把“三系法”品种间杂种优势利用延伸为以“两系法”为主的亚种间（籼、粳）杂种优势利用及通过无融合生殖或借助植物基因工程开展远缘杂种优势利用，以获得具有强大优势的杂种，即把超高产育种作为一些研究单位21世纪的主攻目标之一。经国内育种专家广泛讨论，确定了中国超级稻育种的一、二、三期目标。第一期育种目标为2000年每公顷产达到10吨；第二期育种目标为2005年亩产达到800千克；第三期育种目标为2010年每公顷产达到14吨。经过15年的努力拼搏，前两期目标分别于2000年和2004年实现，2011年9月杂交水稻之父、袁隆平院士指导的超级稻第三期目标亩产900公斤高产攻关获得成功，其隆回县百亩试验田亩产达到926.6千克，这是世界杂交稻史上迄今的最高峰。国家“十一五”期间，经农业部确认的超级稻新品种、新组合已达83个，累计推广4.14亿亩，占同期水稻种植面积的20.2%，累计增产稻谷561.9万吨。“十二五”期间我国超级稻发展目标是：到2015年，年推广面积1.5亿亩以上，亩均增产100斤以上。因此，在中国的超高产育种的前景十分令人鼓舞。

在国外，日本育种家在20世纪80年代初提出并执行了超高产育种计划，以首席育种家Khush博士为首的国际水稻研究所的育种家们同该所种质资源、生理、植病、昆虫等学科的科学家们以理想株型概念为思路，经过较长时间的研讨，于80年代末提出并开始实践超高产育种新策略。他们认为，通过理想株型的选育，可以育成一种有别于目前改良品种株型的新型稻，有望使水稻达到超高产的水平，新株型品种将比目前的优良品种增产25%左右，因此被称为“超级稻”。2005年日本科学家将一种光合酶基因植入水稻细胞中，培育了一种产量高的“超级稻”，其光合作用大大高于一般水稻。

国际水稻研究所“超级稻”育种的构想是改目前的穗数型株型为穗重型株型，其主要设计指标有10项：①低分蘖少穗，直播条件下每单株3~4穗；②无无效分蘖；③平均每穗200~250粒；④株高为100厘米左右；⑤粗秆、硬秆；⑥根系发达；⑦多抗病虫害；⑧早中熟，全生育期为110~130天；⑨收获指数达0.6以上；

⑩产量潜力每公顷为13～15吨。

水稻育种家们探讨了一下过去称雄多年的IR系统的改良稻产量进一步提高为什么会受到限制。他们认为，改良稻一般每蔸插4～6株，可长30个左右的分蘖，但最后成功的只有15个左右的穗子。栽培上往往是加大水肥供应，通过增穗数来加大颖花数，达到高产目的，但往往事与愿违，因为要增穗数必然引起过多的无效分蘖、过大的叶面积指数和过剩的营养生长，不仅造成生物学上的浪费，而且恶化了田间小环境，招来病虫害，导致产量徘徊不前。因此，少蘖成为超产稻的首要目标性状。少蘖少穗以多粒大穗来弥补、杜绝无效分蘖的生物学浪费，而且大穗型稻茎秆有更发达（多）的维管束，秆粗而硬，抗倒又抗病。秆粗坚硬可以为适当提高株高、改善冠层的叶片、稻穗状况、提高功能叶光合速率以及进一步改良群体结构创造条件，这样就有可能把改良稻的收获指数（谷物产量与生物学产量的比值）从0.5提高到0.55～0.6（目前小麦的收获指数可达0.63），产量潜力为每公顷10吨以上。

国际水稻研究所于1989年旱、雨两季，开始对2000余份亲本，以超级稻蓝图中的少蘖、大穗等目标性状进行筛选，确认了一批爪哇稻（热带粳稻）作为杂交亲本，并配制了许多杂交组合。在杂交亲本中，矮秆、壮秆的亲本主要采用来自中国的Shen Nung 89-633。该亲本粳型在菲律宾国际水稻研究所种植，全生育期仅100天左右，剑叶直立，植株挺拔，株高60～70厘米，少蘖，秆壮，大穗，主穗在300粒以上。第一批718个杂交组合，评价筛选了它们后代的37148个株系，至1993年，部分进入F_6，并首次作了农艺性状观察，1994年、1995年两年的旱季，进行了重复产量试验。其中，1995年的旱季，两个代表性品系IR65600-42-5-5和IR65598-112-2，同IR72、IR8对照品种进行了直播、插秧不同方式、不同密度的栽培区试，结果已初步显现出了“超级稻”比对照改良稻的增产潜力，但缺点是不抗稻飞虱，虫害严重，产量仅为8～9吨/公顷，目前，国际水稻所的科学家们正在从遗传育种、栽培、生理、生态方面继续对有代表性品系株型加以改良、完善，同时设法提高稻株对病虫的抗性和米质，以求在产量上有一个大的突破，争取在21世纪把超级稻推向应用阶段。

中国水稻专家认为，国际水稻研究所开展的新株型育种为热带粳型，它的主要育种材料是粳稻，其实质仍是亚种内育种。虽然这种新株型品种在株型上有所改变，但并没有突破亚种内育种的界限，有一定的局限性。中国水稻专家预言，更能挖掘水稻增产潜力的“超级稻”将是籼粳型杂交稻。

三、高新种植技术与新世纪农业相伴

随着生物技术和计算机技术及信息技术的迅速发展，21 世纪农业生产将会进入一个崭新的阶段。中国人创造的农业“八字宪法”，在高新技术武装下，已是旧貌换新颜。以优良种子生产、包衣、销售和脱病毒种苗快速繁殖以及人工种子技术等为中心的种子、种苗产业将会兴旺发达起来；大田水利节水灌溉、施肥、耕耘种植等将会从全面实现机械化到自动化，推而广之，成龙配套。园艺作物将会大力推广无土栽培，以蔬菜、花卉等经济价值较高的作物为对象的设施栽培将会得到普及，从而形成庞大的植物工厂生产产业化群体，服务于社会和人类。

进入 21 世纪后，科学施肥方面，随着农业生产水平的大幅度提高，需要大大增加肥料和技术的投入。在这种高度集约化的高投入、高产出的高效生产体系中，需要坚持平衡施肥，重视微肥，使用高浓度化肥、液体化肥、长效肥料、复（混）肥料，增施有机肥，并开展测土施肥，建立高效优化推荐施肥体系，向着控释化专用复肥和 3S 精确施肥方向发展，使施肥科学化、定量化，提高肥料利用率。

计算机在农业、农机工业及农机使用部门得到广泛的应用。在农业生产规划、管理、设计等方面计算机应用日益增多。自动控制操作系统也较多地在规模较大的饲养场和部分种植业（如设施园艺）中推广利用。

1. 良种包衣好，科技含量高

“种”是农业“八字宪法”的重要内容之一。有了优良品种，即使不增加劳动力、肥料，也可获得较多的收成。国际上，自20世纪60年代开始，为了进一步提高良种的效益，提高农作物产量，又想出了一个新招，专门为良种设计了多种多样的彩色“时装”——种衣剂。近年来，人们利用种衣剂已在农作物、蔬菜、花卉、牧草及苗木上广泛引进了良种包衣技术。良种包衣是怎么一回事呢？说起来并不神秘，但很有科学性。在传统的农业中，播种前通常对种子进行农药拌种、浸种以及施种肥等技术处理，以预防作物苗期受到土壤传播的病虫危害和补充营养，收到一定的效果，但上述传统方法的缺点是药肥持效期短，处理不规范，不利于匀播。而现代的良种包衣（种衣）是在农作物或其他植物种子上包

图10　现代的良种包衣

裹一层能立即固化的膜，在膜内可以加入必要的农药、微肥、有益微生物或植物生长调节剂。这种具有成膜特性的物质及其中含有的其他成分，统称种衣剂。它和常规的用于浸种或拌种的农药乳剂、粉剂不同。当种衣剂包在种子上后，能立即固化成膜，这就为良种穿上了“时装”（种衣），种衣在土中遇水吸胀透气，而几乎不被溶解，种衣中的药剂、种肥和生长调节剂等物质是缓慢释放的，这样就延长了持效期，从而使种子正常发芽、苗齐、苗壮，为丰产打下良好基础。同时，种子公司可根据农业生产需要以及土壤和作物病虫害情况，在工厂中对良种进行包衣，实现良种标准化、丸粒化、商品化。因而，良种包衣受到国际上的普遍重视。据报道，目前在全世界已有各种各样的种衣剂，品种达数百种，可分为四大类型：第一类是物理型（又称泥浆型）；第二类是化学型（即农药、化肥型）；第三类是激素型（由微生物发酵或化学合成而生产的生物激素）；第四类是特异型（逸氧剂和高分子吸水剂）。

目前我国研究开发的种衣剂多属于化学型，少数为物理型。前北京农业大学等单位针对我国粮、棉、油作物和蔬菜等重要病虫种类、发生发展规律以及土壤缺乏营养元素的状况，先后研制成功了一批含活性组分不同、作用不同、适合不同地区、不同作物良种包衣需要的药肥复合型种衣剂系列产品。关于种衣剂的配方，一般包括两大类物质：一是活性成分，包括农药（杀虫剂、杀线虫剂、杀菌剂等）、微肥（锌、铁、钼、锰等）及激素；二是非活性成分，包括成膜剂等配套助剂。制作方法是将杀虫剂、杀菌剂、微肥、激素等活性成分按一定浓度加入水中，经超微研磨成胶体分散系，再用成膜剂及其他助剂进行调制而成。

种衣剂质量的优劣直接关系到种衣剂的包衣效果和应用效果。国际上对化学型种衣剂质量有严格要求。首先，对农药、微肥及激素的含量要明文标出，以便用户掌握其功能，再根据本地的作物病虫状况、土壤状况加以选择使用；其次，种衣剂外观为糊状或乳糊状，为保证成膜性，要求微粒粒径≤2 微米的在 95% 以上，≤4 微米的在 98% 以上；酸碱度主要影响种子发芽率，要保持 pH 值为

4.5～7.0；黏度与良种包衣均匀度和成功率有关，包衣玉米的种衣剂黏度要低，一般为280～360厘泊，包衣棉花的种衣剂则要黏度高一些。种衣剂的成膜性与包衣质量、种衣光滑度有关，一般成膜时间允许在20分钟之内，包衣之后的种子互不结块，无须干燥和晾晒，干物质含量一般至少要占26%，否则包衣效果不良。种衣剂的颜色也有讲究，一般采用若达明-B、酸性大红、酸性玫瑰精等染料作为警戒色。

在市场上作为商品流通的包衣种子质量如何，对用户来说是十分重要的。怎样判断包衣种子质量优劣呢？首先要观察种子覆盖面积。玉米种子包衣覆盖面积要达到种子表面的80%才算包衣合格，水稻、小麦种子则要求达到90%以上。一般未达到覆盖面积的种子的包衣遗漏率为5%～7%，种衣脱落率≤0.7%为合格。包衣种子发芽率与不包衣的种子发芽率应相等或稍低一点。此外，在种衣光滑度、包衣种子贮存期方面也有明确的要求。

据统计，2003年国内已经登记的种衣剂产品超过122种。在国产种衣剂中病虫兼治的复合型种衣剂较多，药肥复合型种衣剂占40%左右。由前北京农业大学等单位研制的药肥复合型种衣剂，在生产上取得了较好的效果，如包衣玉米种子，对玉米丝黑穗病防治效果达到69.4%～72.8%；小麦良种包衣，防治条锈病效果达到81.9%～85.6%。棉花良种包衣，对防治棉花苗期立枯、炭疽、枯萎病的保苗效果达到57.5%～96.60%，防治棉蚜效果达到80%～95%，持效期一般在45～50天。

目前，在国内外除了采用药肥复合型种衣剂之外，还有一种广泛采用的生物制剂包衣技术，也称为种子生物处理技术。一般程序是，首先从已形成孢子的培养基上收集分生孢子，然后制成所需浓度的孢子悬浮液，再加入黏着剂制成种子包衣。例如用有益微生物木霉和粘帚霉（两种真菌）等制成的种子包衣，可使有益微生物在种衣上快速繁殖，不仅不影响种子发芽，而且还能清除种子渗漏出来的营养物质，因而可以阻止种子腐烂和幼苗枯萎，并通过形成保护层，产生阻止病原菌侵入的酶和抗生素等，并可抑制已侵入的病原菌繁殖，起到控制病害蔓延的作用。有益微生物种子包衣，最大的优点是有效期长，其杀虫、杀菌效果可达2个月以上。应用木霉和粘帚霉进行种子包衣处理，已在防治番茄、黄瓜、棉花等多种作物的土传病害上获得了成功。

国外最近有人提出，采用多种不同微生物制剂制作种子包衣，可以抵抗多种病原菌的危害，这是什么原因呢？原因是某些微生物与病原菌有繁殖竞争关系，产生抑菌效果；有些微生物能产生抗菌素杀死或排斥病原菌；还有些微生物是病原菌的寄生菌，可以克敌制胜。

2. 马铃薯品种退化与脱毒种薯生产

马铃薯原产于南美安第斯山区，明朝万历年间始传入我国，迄今在我国已有400多年的栽培历史。马铃薯因其适应性广、产量高、营养全面、粮菜兼用，我国北纬18°~58°、东经75°~135°的广大区域内均有栽培。据统计，我国马铃薯种植面积现为267万公顷左右，年产量已突破7000万吨，主要产地为东北、华北和西南山区。

我国马铃薯生产水平目前还较落后。虽然栽培面积和总产量居世界第一位，但单产却低于15000千克/公顷，比世界平均水平还低20%左右。究其根本原因，品种退化已成为生产的主要限制因素。解决退化、夺取高产是我国马铃薯产区人民稳定解决温饱和脱贫致富的迫切要求，已引起各级政府、人民群众和学术界的广泛关注。

导致马铃薯品种退化的元凶——病毒

马铃薯生长期间常会出现植株变矮、分枝减少、叶片皱缩、生长势衰退、块茎变小或畸形、产量下降等现象，严重时产量损失可达50%以上，这通常称为品种退化或种薯退化。

关于退化的原因以前学术上观点较多。有人认为是马铃薯长期无性繁殖所造成的衰退（衰老学说），有人认为是高温所引起的变化（生态学说），也有人认为是病毒病害所致（病毒学说）。直到1953年D. O. Norris用退化的马铃薯茎尖分生组织培养出无病毒植株，1955年G. Morel和C. Martin用同样方法使马铃薯植株恢复了原来的健康状态后，世界上才公认马铃薯退化是由病毒引起的。茎尖分生组织培养无病毒植株为世界各国解决马铃薯种薯退化提供了有效途径。

现已知侵染马铃薯的病毒有18种，类病毒1种，类菌原体2种。在18种病毒中，有9种专门寄生在马铃薯上，其中我国发现7种，即马铃薯X病毒（PVX）、马铃薯Y病毒（PVY）、马铃薯S病毒（PVS）、马铃薯M病毒（PVM）、马铃薯奥古巴花叶病毒（PAMV）、马铃薯A病毒（PVA）和马铃薯卷叶病毒（PLRV）。马铃薯蓬顶病毒（PMTV）和马铃薯黄矮病毒（PYDV）在国内尚未发现。其余9种寄生于其他作物的病毒，我国发现的只有引起马铃薯杂斑病的苜蓿花叶病毒（AMV）的一个株系、烟草脆裂病毒（TRV）和烟草坏死病毒（TNV）。

侵染马铃薯的类病毒为马铃薯纺锤块茎类病毒（PSTV），并已

图11　侵染马铃薯的病毒有18种

证明在我国许多品种和亲本中存在。两种侵染马铃薯的类菌原体是引起马铃薯紫顶萎蔫的紫苑黄化类菌原体（AYV）和马铃薯丛枝类菌原体，我国尚未见此类病害的正式报道。

马铃薯主要病毒病的症状和传播途径简介见表1。

表1 **马铃薯主要病毒病的症状和传播途径**

病名	病原	症状	传播途径
普通花叶病	PVX	叶脉间颜色深浅不一	汁液、接触、咀嚼式口器昆虫
重花叶病	PVY	叶脉条斑坏死	汁液、嫁接、桃蚜等蚜虫
轻花叶病	PVA	花叶，脉间叶组织皱褶	桃蚜等蚜虫
黄斑花叶病	PAMV	黄斑花叶，植株变形矮化	汁液、嫁接
潜隐花叶病	PVS	叶片粗缩、叶色变淡、垂叶	汁液、接触、嫁接、桃蚜
副皱缩花叶病	PVM	轻花叶、叶尖扭曲、顶叶卷	汁液、嫁接、桃蚜等蚜虫
卷叶病	PLRV	顶叶直立、变黄、小叶上卷	桃蚜等蚜虫
杂斑病	AMV	黄斑花叶或叶脉叶柄等坏死	汁液、桃蚜等蚜虫
茎斑驳病	TRV	叶片杂色斑驳或块茎坏死	线虫、嫁接、汁液

续表

病名	病原	症　状	传播途径
蓬顶病	PMTV	鲜黄斑、帚顶、褪绿回纹	粉痂病菌
黄矮病	PYDV	植株矮缩变脆、黄化	叶蝉、汁液
纺锤块茎病	PSTV	叶片背面褪色或紫红顶叶上冲，块茎变长、龟裂	接触、汁液、花粉和子房

茎尖分生组织培养脱毒

茎尖分生组织培养脱毒技术主要基于病毒在植物体内分布不均匀这一科学发现。早在 1943 年，P. R. White 将感染了奥古巴花叶病毒的番茄根等分成 12 段，分别接种于心叶烟上，36 小时后观察，只有近生长点的两段接种后未出现病斑，离根尖愈远的节段产生的病斑愈多，即病毒浓度愈高。但至今人们尚不清楚病毒在植物体内分布不均匀的机制。有人认为是分生组织中某些高浓度的激素抑制了病毒的增殖或使侵染的病毒失活。有人认为细胞分裂与病毒复制之间存在着竞争，正常的核蛋白合成占优势，病毒粒子得不到复制的营养而受到抑制。也有人在电镜下观察到分生组织中亦存在病毒粒子，因此认为茎尖培养产生无病毒植株是在培养过程中实现的，可能与培养基中某些成分能抑制病毒增殖或使其失活有关。虽然上述假设尚有待进一步研究证实，但茎尖分生组织培养脱毒技术已广泛应用于马铃薯脱毒种薯生产，并取得了显著成效。

脱毒材料的选择　用于脱毒的材料一般是生产上使用的主栽品种或拟推广的优良新品种。选取这些材料典型、健康的薯块作为脱毒的基础材料，待其通过休眠期后，于室内进行催芽和脱毒前的预处理。

脱毒材料的高温处理 马铃薯病毒对温度的敏感性具有差异，对发芽的块茎进行高温处理后再进行茎尖培养，一般来说能提高脱毒效果。PVX 繁殖的最适温度为 20℃～24℃，PVY 为 28℃。研究认为，发芽块茎的预处理温度以 30℃～35℃较为适宜，处理时间达 28 天即可收到良好的效果。

茎尖剥离 剥离茎尖的大小与茎尖的成活率和脱毒率密切相关。通常切取的茎尖愈小，成活率愈低，脱毒率愈高。茎尖剥离的具体方法是，从经过预处理的块茎上剪取 2～3cm 的壮芽，在无菌室消毒。常用的方法是先用 95% 酒精迅速蘸浸组织，然后在 5% 的次氯酸钠溶液中浸泡 5～10 分钟，再用无菌水冲洗 2～3 次。在解剖镜下切取芽顶端 0.1～0.3mm 长的生长点，并带有 1～2 个叶原基，接种于培养基上，茎尖的成活率和脱毒率均较理想。

茎尖培养 培养基是组织培养成功的首要因素。马铃薯茎尖培养较适合的是 MS 培养基+0.7% 琼脂+2%～3% 蔗糖。茎尖培养时一般不主张加植物激素，以免造成种性变异。若生长太慢，可适当加入 BAP（0.04～10mg/L）和 IAA（1～30mg/L）。接种的茎尖放在培养室内培养，温度 25℃，光照 1 000～3 000lux，以日光灯为光源，每天照光 16 小时为宜。MS 培养基成分如下（mg/L）：

无机物：

NH_4NO_3	1650	KNO_3	1900
$CaCl_2 \cdot 2H_2O$	440	$MgSO_4 \cdot 7H_2O$	370
KH_2PO_4	170	KI	0.83
H_3BO_3	6.2	$MnSO_4 \cdot 4H_2O$	22.3
$ZnSO_4 \cdot 7H_2O$	8.6	$Na_2MoO_4 \cdot H_2O$	0.25
$CuSO_4 \cdot 5H_2O$	0.025	$CoCl_2 \cdot 6H_2O$	0.025
$FeSO_4 \cdot 7H_2O$	27.8	NaFe · EDTA	37.3

有机物：

肌醇	100	烟酸	0.5
盐酸吡哆醇	0.5	盐酸硫胺素	0.1
甘氨酸	2		

在正常情况下，接种茎尖颜色逐渐变绿，基部逐渐变大，有时形成少量愈伤组织，茎尖也逐渐伸长。一个月左右，即可看到明显伸长的小茎，叶原基形成可见的小叶，这时可转入新鲜的 MS 培养基中继续培养，可见茎尖继续伸长，根系形成，最后发育成完整的小植株。

病毒检测 茎尖脱毒材料必须经过病毒检测，确认不带严重影响生产的 PVX、PVY、PLRV 等病毒和 PSTV 类病毒后才可用于繁殖，否则达不到脱毒目的。病毒检测常用的方法有指示植物鉴定法、酶联免疫吸附测定法、分子检测法等。PSTV 一般采用核酸分子杂交鉴定，也可作指示植物鉴定和分子检测。

试管苗扩繁与试管薯诱导

试管苗扩繁和试管薯诱导在培养室进行，这是脱毒材料加速繁殖的基本环节。

试管苗扩繁 试管苗扩繁的培养基为 MS+4% 蔗糖，培养条件为光照 16 小时、3000lux，温度为 20℃ ~22℃。将 5 ~6 叶的试管苗切成每节有一个腋芽的单节段，于盛有培养基的三角瓶或其他容器中培养。当植株长至 5 ~6 叶时，又可进行切段，继代培养。一般 2 ~3 周可转苗一次。试管苗可用于田间移栽生产脱毒原种，也可继续诱导进行试管薯生产。

试管薯诱导 试管薯诱导的培养基为 MS+8% 蔗糖，培养条件为光照 8 小时、3000lux，温度为 17℃ ~20℃。研究证明，高糖浓度、短日照、低温有利于块茎的形成。研究认为，当 5 ~6 叶的试管苗进行短日照培养前，先作2～3天的全黑暗处理，有助于提高诱导频率。试管薯的形成和生长与试管苗内源GA_3/ABA比值和试管薯的细胞分裂速度有关。

试管薯的生长不受大田生长季节的影响，贮藏、运输方便，种植后成活率高，具有广阔的应用前景。现在我国已成功地将试管薯用于脱毒种薯生产，国内外目前均在开展大田生产利用技术研究，期望将来取代常规种薯，直接用于商品薯生产。试管薯的应用将会简化脱毒种薯生产环节，实现工厂化种薯生产，节约用种，方便运输。目前，试管薯工厂化生产技术已在我国完成中试，正进入工厂化生产阶段。

马铃薯脱毒种薯生产体系

目前，马铃薯脱毒种薯生产体系是繁殖、推广脱毒种薯的保证。世界上许多国家都建立了严格的种薯生产程序和质量检测标准。我国地域辽阔，农业生态条件复杂，社会经济发展不平衡，很难制定一个全国通用的生产程序。考虑到我国种植区域广泛，生产条件不一等条件，华中农业大学研究并建立了繁殖周期比较短的种薯生产体系，在生产上向全国示范推广以来，取得了良好的社会和经济效益。

种薯分级 马铃薯种薯共分为如下四级：

核心种：由茎尖分生组织培养并经病毒检测脱去病毒的试管苗或试管薯。

原原种：由核心种在温网室生产的微型种薯。

一级原种：由原原种在自然隔离条件下繁殖的种薯。

二级原种：由一级原种在自然隔离条件下繁殖的种薯。

种薯分级标准（内部） 核心种的纯度应为100%，不允许带有任何病虫害，亦不能有劣质块茎。原原种和原种的分级标准见表2：

表2 马铃薯各种别种薯质量指标

检测内容	原原种	原种	
	微型薯	一级原种	二级原种
病毒病	0	1.0%	2.0%
类病毒病	0	0	0
青枯病	0	0.5%	1.0%
其他病害	0	2.0%	3.0%
品种混杂	0	0.2%	0.5%

种薯生产体系 山区马铃薯种薯生产体系应根据实际条件确定，扬长避短，科学可行。鄂西地区目前示范推广的种薯生产体系见表3：

表3

时间	基地名称	基地隔离条件
第一年	原原种生产基地	组织培养室、防虫温室
第二年	一级原种生产基地	高海拔，无茄科作物，蚜虫少
第三年	二级原种生产基地	高海拔，无茄科作物，蚜虫少

种薯快繁技术

马铃薯因其用种量大、繁殖速度慢，导致农民多年难以更换种薯。因此，提高繁殖系数、降低生产成本，是迅速推广脱毒种薯的关键。马铃薯具有营养繁殖的特点，如科学利用，可显著加快繁殖速度。下面简要介绍几种繁殖技术。

单芽眼繁殖 每个马铃薯块茎均具有数量不等的芽眼。每个芽眼有一个主芽和两个或两个以上的副芽。发芽时主芽首先萌发，副芽一般呈休眠状态。当主芽受损时，副芽亦可萌发。块茎发芽具有较强的顶端优势，一般是顶芽先萌动，再依次向下。根据这一特点，可将块茎按单芽眼切块，促使每个芽眼都发芽成苗，提高繁殖系数。切块播于疏松湿润的苗床上育苗，出土至四叶期移栽。

切块时应做好用具消毒工作。每切一个薯块，要将刀和砧板用75%的酒精进行消毒，以防薯块间病害传感。切块以提前2～3天进行为宜，使伤口初步愈合再播种于苗床。

图12　马铃薯切块时应做好用具消毒工作

顶端切段繁殖　在环境和土壤温度、湿度适宜的情况下，马铃薯植株顶端扦插成活率较高，且能正常发育结薯。植株顶端切去后，其下方两片复叶的腋芽即迅速伸长，成为新的生长顶端，又可用于切段扦插。

顶端切段在20℃左右的温度下一般10天左右可进行一次。利用温室或大棚，可提早进行切段繁殖。顶端切下后，移植于苗床，生根后再移栽大田。一株基础苗一般可繁殖10～15株。结合单芽眼切块繁殖基础苗，一个种薯繁殖植株的系数可高达70～100倍。

切段的顶端要带有2～3片真叶。移植的苗床要土壤疏松，保持湿润，防止阳光直射，以提高成活率。为促进生根，可将切段浸蘸用生根粉配制的溶液或100mg/L的萘乙酸溶液后再扦插。

采用合理的种植密度 种植密度不仅对产量有影响，而且也影响薯块大小和单位面积上薯块形成的数量。因此，采用适宜的种植密度，可以生产符合规格的种薯，提高繁殖系数。

马铃薯块茎大小在田间的分布情况是，小薯的数量多，大薯的数量少。适宜种用的薯块大小一般为30～120g。太小对植株生长势有影响，太大则不经济。根据马铃薯块茎大小分布预测和控制的数学模型，1200m以上的高山地区种薯生产的适宜密度为150000株/公顷，低山地区为120000株/公顷。

马铃薯现已由单一的粮食作物向重要的经济作物转变，具有高产、高效的生产和市场特征。近年来，马铃薯种植区域已从传统种植区扩大到中原、南方，秋冬季生产面积不断扩大，优质种薯严重不足。建立适宜的种薯繁殖体系，运用科学的种薯快繁技术，可加速脱毒种薯的推广应用，解决种薯退化问题，提高生产水平，形成和促进马铃薯种薯生产、商品薯生产和食品加工的新的农村支柱产业，开辟农村脱贫致富的新途径。

3. 漫话新世纪的肥料家族

常言道，有收无收在于水，收多收少在于肥，由此可见，肥料在农作物生产中占据着多么重要的地位。世界化肥生产和施用虽然只有100多年的历史，但对农业生产的发展起了巨大的推动作用。

1800年德国还没有使用化肥时，每公顷农地生产谷物不到750千克；1978年当化肥用量猛增到每公顷255千克时，产量超过了4500千克/公顷。从不同国家和地区化肥施用水平与农作物产量的关系来看，哪里施肥水平高，施用技术合理，谷物产量就高（见表4）。从表中可以看出到20世纪末，凡每公顷谷物产量在4000千克以上的国家和地区，氮磷钾有效养分每公顷都在200千克以上。

表4　世界主要农业国家和地区化肥用量与谷物产量（千克/公顷）

国家地区	$N+P_2O_5+K_2O$	N	$\frac{P_2O_5+K_2O}{N}$	谷物产量
全世界	98.7	53.9	0.83	2646
非洲	20.0	11.3	0.77	1228
中北美洲	83.8	46.8	0.79	3627
美国	93.6	50.8	0.84	4410
亚洲	115.2	77.3	0.49	2686
中国	262.1	191.6	0.37	4014
印度	65.1	42.8	0.52	1851
日本	415.1	136.7	2.04	5671
欧洲	228.8	112.7	1.03	4246
法国	311.6	135.3	1.30	6068
德国	396.5	196.3	1.02	5204
荷兰	649.4	467.2	0.39	6762
英国	345.7	209.2	0.65	5771
前苏联	117.3	49.9	1.35	1905

在新中国成立前，粮食产量一直徘徊在亩产100～150千克；而新中国成立后，特别是20世纪70年代后，化肥用量急剧上升，粮食产量也提高到每亩近300千克。

联合国粮农组织多年统计资料表明，在农作物增产的各项因素中，肥料的增产作用占40%～65%，而其中主要是化肥。这充分说明农业生产的发展与化肥施用是不可分的。

我国化肥生产和施用与发达国家相比仍存在很大差距，具体表现在：

①氮、磷、钾比例严重失调。我国化肥生产以氮肥为主，氮、磷、钾比例极不平衡。氮多、磷少、钾缺的现象严重。2008 年我国化肥总产量为 5867.6 万吨（折纯量），其中氮肥 4331.2 万吨、磷肥 1258.9 万吨、钾肥 277.5 万吨，其氮、磷、钾的比例为 1∶0.29∶0.06，而发达国家生产、消费比例相应为 1∶0.56∶0.59 和 1∶0.58∶0.54。美国在 20 世纪 70 年代，氮、磷、钾化肥的施用比例已达到了 1∶0.61∶0.54。我国磷、钾肥的生产和消费远远不能满足农业生产的需要。

②高浓度化肥少，品种单一，品质差。我国氮肥产量已跃居世界第一位，但一半以上是含氮量低、易挥发结块的碳酸氢铵。磷肥主要是低浓度、易结块的过磷酸钙，它占磷肥产量的 71.8%，高浓度的磷铵只占 2.9%，重过磷酸钙约占 0.7%。钾肥因受钾矿资源的限制，只有青海盐湖钾肥，产量低。同时我国复合肥所占比例很小。

③肥料利用率低，损失和浪费严重。据统计，碳酸氢铵在撒施条件下，其平均利用率只有 27%，尿素的利用率也只有 35% 左右。过磷酸钙的当季利用率很少超过 20%。

④针对不同作物特点的专用复合肥料品种少。为了提高肥效、降低成本，除了要讲究科学施肥外，必须研制、开发新的化肥品种，以适应农业和社会发展的需要。

目前，世界化肥生产向着大颗粒、高浓度、复合、缓效、液体化方向发展，总的趋势是发展高效复合肥、减少副成分、降低成本、提高劳动生产率。

颗粒状肥料不易结块，散落性好，施用方便。因此国际上化肥多以颗粒状出厂，如尿素、磷铵及复合肥料。目前美国、挪威、菲律宾等国都在推广大粒尿素深施技术。

近年来，由于复混肥料迅速增长，化肥的有效成分含量随之提高。如美国化肥的有效成分含量1950年为25%，1960年为31%，1978年提高到43%。美国生产的聚磷酸铵（16-62-0），有效成分含量为78%；聚磷酸钾（0-57-37），有效成分含量为94%；偏磷酸钾（0-60-40），有效成分高达100%。现在许多国家以磷酸铵系列肥料（主要包括磷酸一铵、磷酸二铵和多磷酸铵等）作基础肥料，混合不同数量的尿素和氯化钾，生产N·P·K比例各不相同的各种型号的高浓度复合肥料。这样可大大降低产品的包装、贮运费用。

液体肥料具有工艺简单、节省投资、便于管道化运输、喷施和滴施自动化作业等优点，还可以根据作物需肥特性配制含有大量元素和微量元素的多元肥料，也可以加入除草剂、杀虫剂等农药同时施用。液体肥料在欧美一些发达国家广泛施用。目前，美国的液体肥料已占氮肥总量的60%以上。美国有几千家工厂利用浓缩原液生产液体肥料。美国TVA公司还研制出12-44-0的高浓度液体肥料。前苏联在20世纪60年代开始研制液体复合肥，于20世纪70年代开始大规模工业化生产10-34-0液体复合肥，并进一步用氨、聚磷酸和氯化钾制成三元液体复合肥料。目前，日本、捷克、德国等国都在研究和施用液体肥料。

复混肥料是指同时含有氮、磷、钾三要素中的两种或两种以上营养元素的化学肥料。复混肥料按其制造方法，分为化合复合肥料和掺合复合肥料。前者是指在生产工艺流程中发生显著化学反应而制成的，如磷酸铵等。其性质稳定，养分比例固定，多为二元复合肥料。掺合复合肥料是几种单元肥料或单元肥料与化合复肥简单混合或经二次加工而成的。它可根据作物的需肥特性及土壤的供肥情况，配制养分比例不同的复混肥料。由于复混肥有效成分高，施用方便，节省费用，国外已大量生产施用。美国、西欧和日本等发达国家，复混肥料的使用量已占化肥总量的70%以上。我国复合化肥生产起步于20世纪70年代末，据1991年统计，年生产量为400多万吨，仅占当年全国化肥生产量的4%左右。据2010年统计，我国肥料复合化率已提高到25%左右。

目前，国外除生产含氮、磷、钾三要素的二元、三元复合化肥外，还生产添加硼、锰、锌、钼、铜等微量元素的多元素复合肥料，和添加农药、除草剂、生长激素的多功能复合肥料。此外，还有根据作物需肥特性制成的专用复合肥。这有利于发展专业化生产，使施肥更加科学。

长效肥料养分释放缓慢，肥效长，一次施用能满足作物整个生育期对养分的要求。目前这种肥料有两大类：一类是合成有机长效氮肥，如脲甲醛是由尿素和甲醛缩合而成的；脲乙醛是以2摩尔乙醛缩合，然后在酸性条件下与尿素缩合而成的；脲异丁醛是尿素与异丁醛反应的缩合物，还有草酰胺等。它们的含氮量均在30%以上。美国生产的脲甲醛含氮32%以上。德国生产的尿素——硝酸磷钾肥料，含有效成分75%。另一类是包膜肥料，是在水溶性颗粒肥外面包上一层半透性或难溶性膜，使养分通过膜缓慢渗出，以达到长效的目的。常见的包膜肥料有硫衣尿素。美、日等国采用各种聚合物如脲醛、聚乙烯、聚苯乙烯等为材料，制成多种长效肥，如脲醛包膜硫酸铵、硝酸磷肥、氮磷钾混合粒肥等。日本用树脂和蜡混合等作包膜材料制成氮磷钾复合包膜肥料。我国南京土壤研究所研制成了长效碳酸氢铵，即在碳铵粒肥表面包裹一层钙镁磷肥，控制养分释放。

化肥经历了单质→复合→专用复合的发展过程。当今，正向着控释化专用复合肥和3S（指遥感地理信息系统和全球卫星定位系统）精确施肥方向发展。

有机肥料既能供给作物生长所需的养分，又能培肥土壤，同时还能促进农业生态系统中的物质与能量循环，是促进农业长期、持续高产稳产的重要措施之一。施用有机肥料，是我国农业生产的一大特色。新中国成立前，有机肥料几乎是土壤养分的唯一来源。随着化肥工业发展，有机肥所占比重逐年下降，据农业部2006年对全国26个省市有机肥料资源调查，秸秆资源为5.9亿吨，主要畜禽粪便资源为10.2亿吨，农家肥资源为15.5亿吨，绿肥资源为1.0亿吨，折合纯养分为3600万吨，是投入化肥养分的80%，在资源危机，化肥价格走高情况下，开发和利用有机肥资源，对缓解化肥供需矛盾，满足农业生产需要具有重要作用，也是实现节约型农业的有效途径。目前在氮、磷、钾养分供应上，氮素以化肥为主，而磷、钾主要靠有机肥。

近年来，在西方一些国家化肥用量虽然很大，但是对有机肥料的施用仍然十分重视，如法国有机肥料占农田施肥量的50%。在一些畜牧业发达的北欧国家，厩肥施用量很大，并且进行机械化作业。由于大量施用化肥引起严重的土壤侵蚀、养分流失及河流污染、生态环境恶化、农产品品质下降，部分农户对“有机农业”产生浓厚兴趣。据美国农业部报告的不完全统计，美国现有2万个有机农户经营10~600公顷不等的农场。他们避免大量使用合成化肥、农药、生长调节剂，而依靠轮作、作物残茬、厩肥、豆科作物、绿肥、有机垃圾来维持土壤肥力。国际有机农业联合会（IFOAM）制定的原则，提供了“有机农业”实施的依据。许多国家还开展了液体厩肥保存方法和应用技术的研究。城市垃圾制作堆肥实现了机械化、工厂化和商品化。

此外，随着农业机械化水平和规模经营的发展，秸秆还田的比例将会越来越大，它将成为促进农业体系内物质、能量循环和提高土壤有机质含量的重要途径。

21世纪将是一个科学技术高速发展的时代，肥料科学和施肥技术也一定会呈现日新月异的变化，并将在21世纪现代农业中发挥重要作用。

4. “花而不实”、“蕾而不花”为哪端？

众所周知，春播一粒谷，秋收万颗粮。任何农作物种子播种在土壤中，都会在一定条件下生长、发育，直至新种子形成，也就是完成其生活史。这是大自然的规律。然而，你听说过在农民辛劳耕种的土地上，会出现油菜“花而不实”、棉花“蕾而不花”、花生“有果无仁”、小麦“有花不孕”、玉米“果穗秃顶”、甜菜“腐心病”、花椰菜“褐心病”、芹菜“茎折症”、苹果“缩果病”、柑橘结“石头果”等现象吗？这都是植物缺乏硼营养素而引起的。植物正常生长发育需要16种营养元素，如果供给不足，就会出现特有的症状，甚至不能完成其生活史。20世纪20—30年代，西欧甜菜因缺硼而广泛出现“腐心病”。美国50个州中有43个州，各有一种或多种作物缺硼，涉及的作物有豆科植物、十字花科植物、棉花、果树和多种蔬菜；在加拿大，紫云英缺硼很普遍；在非洲和尼日利亚、赞比亚，棉花出现明显的缺硼症。1966年，中国农科院油料研究所在湖北省浠水县和蕲春县，发现了甘蓝型油菜缺硼引起的“花而不实”症。20世纪70年代中期以来，相继在湖北省新洲县发现棉花缺硼引起的“蕾而不花”症，黑龙江省的小麦缺硼引起的“不稔”症，以及福建、江西、浙江、四川、陕西、辽宁等地一些地方的柑橘、苹果、玉米、花生等作物缺硼，施硼肥后产量

图13　田间施硼肥，避免甜菜“花而不实”

大幅度上升。

硼在植物体内的含量非常少，一般每千克干物重只含有2～100毫克。但对植物生长发育所起的作用巨大，而且所起作用不能被其他元素来代替。已有的研究表明：硼能促进植物体内碳水化合物的运输和代谢。研究者们用$^{14}CO_2$饲喂植物叶片，发现缺硼植株形成的光合产物很少运输出去，以致分生组织如根尖、茎尖缺少糖分，繁殖器官积累的碳水化合物减少。此外，硼还能促进花粉的正常发育和受精过程。据分析，在植物体各器官中，含硼量最高的是花，尤以花中的柱头和子房含量为最高。缺硼植物花器官中花药和花丝萎缩，花粉粒畸形，花粉生活力极低。如缺硼棉花的花粉粒干瘪、内陷、形状不规则，花粉萌发和花粉管伸长受阻。故缺硼植株不能正常受精，“生儿育女”就成了问题。植物缺硼时，分生组织的生长受阻，根尖、茎尖深受其害。有人做过试验，将正常生长的向日葵植株移入缺硼营养液中3小时，根伸长便受到抑制，72小时后根尖遭伤害。在缺硼溶液中，向日葵根和茎中RNA的含量比供硼充足的植株低；在加入RNA后，植株的缺硼症状即可消失。此外，硼还影响叶绿体的结构。缺硼时，叶绿体膜降解成碎片或液泡化，基粒被破坏，因而导致光合作用下降。

怎样识别植物缺硼现象呢？研究发现，植物缺硼时有以下的共同特征：生长点枯萎死亡，腋芽萌发，侧枝丛生成为多头大簇，新生叶皱缩卷曲，老叶增厚变脆；茎矮缩，有时出现茎裂和木栓化；根系发育不良，根颈以下膨大；蕾花脱落，花少而小，花粉粒畸形，不能正常受精结实，作物产量低、品质差，甚至没有收成。硼虽是所有作物所必需，但在同样的土壤条件下有的作物出现缺硼症状，而有些作物则能正常生长。这是为什么呢？科学家们发现，不同的作物，甚至同一类作物的不同品种，对硼的需求量不同。根据作物对硼的需要量不同可分为三种类型。

需硼较多的有：苜蓿、甜菜、红三叶、萝卜、卷心菜、花椰菜、向日葵、油菜、苹果。

需硼中等的有：棉花、烟草、番茄、花生、胡萝卜、茶树、桃、梨。

需硼较少的有：水稻、大麦、小麦、燕麦、玉米、大豆、亚麻、柑橘。

土壤是否缺硼和是否需要施用硼肥，这要根据土壤性质及植物种类不同而定。在我国，土壤含硼量有由北向南、由西向东逐渐降低的趋势。据25个省（区、市）的调查资料，缺硼面积占耕地面积50%以上的有20个省，其中8个省的缺硼面积占耕地面积的比例高达80%以上。当季作物能够吸收利用的主要是水溶性硼，称为有效硼。我国土壤有效硼严重缺乏的地方有：广东、福建、浙江中部和西部、江西东部和南部、湖北东部、四川中部等地。确定土壤有效硼的丰缺与作物施硼的必要性，可参考中国科学院南京土壤研究所的分级标准（见表5）。

表5 **土壤有效硼与施用硼肥的效果**

含量 mg/kg	分级	作物状况与施用硼肥的必要性
<0.25	很低	需硼较多的作物出现缺硼症，需施硼
0.25~0.50	低	需硼少的作物足够，需硼多的作物施硼有效
0.51~1.00	中等	对大多数作物都足够，个别需硼多的作物施硼仍有效
1.01~2.00	高	各类作物均足够，耐肥性差的作物可能生长受抑制
>2.00	很高	作物生长受抑制，也可能出现中毒症状

土壤缺硼的临界指标因作物不同而异，如需硼较多的甜菜，缺硼的临界值可高达0.75毫克/千克；而需硼较少的禾本科作物可低至0.1毫克/千克。此外，土壤质地和酸碱度也影响临界值。当作物的需硼量低于土壤缺硼的临界值时，需施用硼肥。

生产上常用的硼肥有硼砂和硼酸，两者均易溶于水，都可用作基肥、种肥和根外追肥。常用的施肥方法有撒施、条施和叶面喷施。作基肥一般每亩施用硼砂0.4千克左右，可与氮、磷、钾混合施，或与干燥细土混合均匀后施用。作种肥应将硼砂或硼酸施在播种或移栽的沟、穴中，避免与种子直接接触，以免抑制种子萌发和幼苗生长。根外追肥可采用0.1%的硼酸或0.2%的硼砂水溶液喷雾。喷至中片布满雾滴即可。喷施时间与作物种类有关，并要结合作物生育期进行，通常喷施2~3次为宜。

棉花生长在严重缺硼的土壤上，基肥的效果比叶面喷施好；在中、轻度缺硼的土壤上，追肥加叶面喷施一次，或者仅在蕾期、初花期和花铃期各喷施一次均能获得良好效果。

油菜生长在严重缺硼土壤上，以基肥加苔期、初花期叶面喷施效果最好；在中、轻度或潜在缺硼的土壤上，苗、苔期各喷施一次，效果较好。

花生施硼的最好方法是作种肥，每亩用硼砂0.25~0.5千克条施于播种沟或点施于播种穴的一侧作种肥；也可在花期用0.2%的硼砂溶液喷施1~2次。

禾谷类作物需硼较少，缺硼时可用0.1%~0.2%的硼砂溶液于孕穗期和初花期各喷施一次，严重时可在拔节期再增喷一次。

柑橘以喷施为宜，在蕾期至幼果期，用0.1%~0.2%的硼砂或0.05%~0.1%的硼酸溶液喷2~3次。

苹果施硼宜在蕾期、盛花期，用0.2%的硼砂或0.1%的硼酸溶液各喷一次较好。土壤施硼每株大树用100克、小树用30克左右硼砂较为经济有效。

蔬菜作物在苗期、花铃期用0.2%的硼砂溶液各喷一次增产效果显著。

大量的田间调查和研究工作证明，硼在多种土壤上对多种作物有很好的增产效果，增产幅度一般为5%~20%。在严重缺硼土壤上，成倍甚至10余倍的增产。因此，硼肥的施用已成为农业增产中一项重要的技术措施。

但是，这种通过施肥、改土措施使土壤适应植物生长的传统方法，成本高，耗能大，易污染环境。因此，近年来利用植物矿质营

图 14　硼的田间调查和研究工作

养基因型差异，选育对土壤有效养分利用效率高、抗逆能力强的植物，已引起人们的普遍兴趣。

所谓植物矿质营养基因型是泛指反映植物对某一矿质营养特性的遗传潜力。不同植物种和同种植物不同品种间的矿质营养特性有很大差别。其中某些特性是受基因控制，而且是可以遗传的。所谓对某养分的高效基因型，就是指可以在某养分有效浓度较低的土壤中正常生长发育，并能获得高产的植物类型；当环境中某养分浓度不断提高时，高效基因型具有较高的增产潜力，即肥料利用率高。

关于植物矿质营养基因型差异的研究，国外起步较早，1922年就曾发现不同玉米品种对各种肥力条件的适应性存在明显差异。近年来，无论在大量元素如氮、磷、钾基因型差异还是微量元素基因型差异方面的研究，均取得了显著成绩。

许多研究发现，不同基因型植物在氮的吸收、同化和利用方面存在明显的差异，这些差异是由许多形态、生理和生化特性来决定的。植物吸磷效率基因型差异，不仅表现在植物对磷的吸收，而且表现在植物对体内磷的利用方面。磷高效基因型植物，可通过根分泌有机酸来活化和提高植物的磷营养效率。磷营养效率是由多基因控制的。钾营养效率不同的水稻品种，其根系生长有明显的差异。钾高效品种根细胞膜上钾离子运转速率是低效品种的5.6倍；高效品种根细胞质中含钾量较低，而液泡中含钾量较高。一些研究表明，钾营养效率由单个隐性基因所控制。

多年来，人们对植物硼素营养基因型差异的可能机理进行了大量研究。1941年就有人从同一土壤上栽培的44个葡萄品种中，发现其中14个品种严重缺硼，19个品种中等缺硼，11个品种没有缺硼表现。还有人发现，将对缺硼敏感的品种嫁接在不敏感品种的砧木上，接穗不出现缺硼症状。这说明不同基因型植物利用硼效率的高低，是由砧木根部的吸收和运转来控制的。研究证明，由严重缺硼引起的番茄“脆茎病”是由一个隐性基因控制的，而芹菜对缺硼的敏感性是由单基因控制的。

近年来，华中农业大学微量元素研究室对甘蓝型油菜品种缺硼敏感性进行了研究，发现不同品种对缺硼敏感性差异很大。反应敏感品种的缺硼处理，其产量不到硼正常处理的10%，而不敏感品种可达90%以上。刘昌智等对18个油菜栽培品种硼营养效率的研究发现，不同品种对硼的吸收、分布和积累存在明显差异。在缺硼条件下，对硼不敏感的品种，硼的含量和吸收量均高于敏感品种，尤其是在花器官中高出敏感品种的2～4倍。说明对硼不敏感品种能够将体内的硼较多地分配到旺盛生长的部位，特别是花蕾中。

尽管人们在硼高效基因型植物的选育和生理生化基础研究方面，取得了许多可喜的成绩，然而，有关硼吸收的基因型差异的机理一直未得到满意解释。但可以相信，随着生物技术的迅速发展，人们不但能确定某一特定基因在染色体上的位置，而且能够借助内切酶将其切割开来，以便把目标基因转移到某种植物的染色体内，达到高产、优质、增强抗逆性的目的。那么，利用现代生物技术揭示植物营养机理的奥秘以及在植物营养性状的遗传改良方面，也会在不远的将来产生质的飞跃。

5. “精确农作”与全球卫星定位系统

过去听人说：“宇宙中的人造卫星会种田！”这好似神话般的梦想如今已在“精确农作”中得以实现。“精确农作”又称精细农作、精准农作、数字农作、处方农作等，是指应用全球卫星定位系统（简称GPS）等现代高新技术，获取种植业精细准确的决策管理处方，是21世纪的一种新型农业模式。它的最大特点是“精确”，对农田作物的农情、农事实施定量、定位、定时的数字化、可视化和网络化，是当今世界农业优质高产、节能环保和可持续发展的新潮流，呼之欲出！

民用的全球卫星导航定位系统是美国于20世纪90年代倡导与实施的，曾制订了一项“卫星指导农业生产联合计划”，在种植大豆、玉米等大面积农田上试验应用，收到神奇效果，从此，在GPS引领下的精确农作在世界各地应运而生。

波特是一位美国明尼苏达州农民，他在拖拉机上安装了一台电脑，从屏幕上可看到种植大豆和玉米的地图，并告诉他哪些地方需施肥、施多少肥。后来他又装了一部卫星信号接收机，可收到遥控遥测信息，进行精确的土壤调查、环境监测、喷药施肥、作物估产和土地利用等，真是远在天际的卫星可帮助地球上的人们做农活。

全球卫星定位系统到底是怎么一回事呢？GPS是一种全球性、全天候、连续实时性的导航、定位和授时服务系统，由地面控制站、卫星网和接收机三部分组成。卫星网是由发射的24颗专用卫星组成，在6个轨道上绕地球飞行，每条轨道上至少有4颗卫星，上载有高精密的原子种和微波天线，可实时向地面发射民用的C/A码（S码）定位信号。现今广泛采用的是相对定位的DGPS（简称差分GPS），通过校正技术而大大提高定位精度。接收机主要是接收卫星信号，经解算后实时导航定位。现今的GPS接收机可贮存电子地图，通过数据接口和普通计算机联机，使用普通地图的相同坐标系和相似图例，可自动定位、跟踪路线图等，是许多农作者、驾驶者青睐的工具。选购一款适合自己的便携式GPS接收机，如GPS手机、手表式GPS等，非常时尚、方便、实用。

当前，全球卫星定位系统已有多个应用系列，包括运动器（如飞机、船只、车辆）的导航、大地测绘、精确农作等。目前在美国推广普及的最新装备之一，被称为Soilection。它是一种全球定位系统卫星信号接收装置，带有数据加工计算机及监视屏。将Soilection安装在大型田间喷施（固态或液体）肥料和除草剂的专用自走式机器上，机器带有气动式喷洒阀嘴的大型宽幅臂杆，当机手操作自走喷施机进入地块后，监视屏上可出现两种重叠图像，一种是数字化地图，另一种是方格坐标图，随时显示喷施机的位置。数字化地图是一类综合性的土壤信息，其中包括土壤类型、土壤取样化验测定获得的结果、该地块以前的单株产量分布以及本年度的单产指标等。土壤化验则在上一年秋季或本年幼苗期进行，采用简易取样法密集采土样分析。至于单株产量分布信息，则是上一年同一块地秋收时，采用包括车辆定位系统在内的产量监测器，以小区（10米×10米）为单位，边收割边自动收集记录数据获得。把所有这些信息通过计算机处理，制成数字化显示地图及软盘，使用时将软盘插入Soilection装置，即可以进行自动控制操作。

总之，应用全球卫星定位系统技术精确指导耕作、种植和化肥、农药的施用等，效率高、节省资源。随着农村经济、农业科技的发展和农业经营规模的扩大，全球卫星定位系统技术将会在我国现代集约持续发展的农业中发挥应有的作用。

6. 工业技术“插队落户”到农村
——设施栽培的现状和未来

多少年来，人们都知道农作物要种在土里面，土生万物。现在世界上却兴起了无土栽培，所谓无土栽培就是不要土壤，而用营养液种植作物的一种栽培技术，它属于一种设施栽培。

无土栽培的特点是以人工为作物创造植物根系环境条件和营养条件、水分条件，以取代土壤环境。它不仅能满足作物对矿质营养、水分和空气条件的需要，而且可以应用现代科学技术、通过人工或自动化控制调节这些条件，促进作物的生长和发育，使其发挥最大的生产力。无土栽培是实现农业现代化中一项新兴的农业科学技术。

在国外应用营养液培养植物已有100多年的历史，直到1929年，美国格里克在营养液里种植一株番茄高达7.5米，结果实达14千克，一时轰动全世界，当时称这种方法为水培，1945年后开始应用水培生产蔬菜和粮食，随着塑料工业的发展，在西方和海湾地区已大量应用无土栽培进行工厂化生产蔬菜，在英格兰建成了一个有8万平方米的水培温室，称为“超级番茄工厂”，使无土栽培走上工厂化、商业化。

我国应用这项现代科学技术在蔬菜生产上，始于20世纪80年代，现在全国的大多数省市以及部分科研单位和农业高等院校，都进行了一定规模的生产和试验研究，并引进了一部分国外的设施，而且在部分城郊农村也开始应用这项新技术生产优质高产蔬菜，提供周年蔬菜供应，丰富蔬菜市场的品种。

无土栽培是一种先进的、科学的现代栽培技术，有其很多优点，也有其一些缺点。其主要优点有：

①提高产量和品质。应用无土栽培比一般大田栽培可提高1~2倍的产量，产品品质好，生产出的番茄，形状端正、颜色鲜艳、味道好，营养价值高，维生素C比土壤种植的增加30%，矿物质

图15　高达7.5米的番茄

含量也增多。

②提高水分、养分的有效利用率。无土栽培对水分、养分能充分利用。土壤种植所需的灌溉水大部分被蒸发和渗漏，植物吸收利用少，所施的肥料，其养分相当大的一部分被土壤固结或淋失、水分和养分失调。无土栽培通过人工和自动调控，使植物吸收水分养分平衡协调。

③清洁卫生、病虫害少。无土栽培应用营养液生产的是一种无公害蔬菜、病虫很少感染，干净卫生。

④不受土地限制。无土栽培可以在不适宜于农作物生长的地方进行，不选择土地的肥沃性，在荒地、沙滩、山岭坡地，城市可在屋顶、阳光充足的空闲地进行，既可扩大作物生产种植面积，又可以改善城市环境。

⑤有利于现代化农业发展。无土栽培简化栽培工序，节省劳力，应用设施进行操作、管理，利用电脑自动控制营养液浓度、用量、酸碱度，以及氧气供应和温度调节，向现代化生产方式发展，实现蔬菜种植工厂化。

无土栽培在发展过程中，也存在一些问题：

①开始时投资较大，需要购置大棚、管理和调控的设施、设备。

②营养液的配制、管理技术较复杂，掌握自动化设施、设备和调控的科学技术性较强，需要一定的科学文化水平。

③种植环境要很卫生，否则，病菌一旦感染，扩散发展很快。

无土栽培根据作物生长的环境条件和采用的栽培方式，一般分为两大类，即水培和基质栽培。

其中基质栽培中可用单一的基质培养法，也可用几种基质按比例组成混合基质培养法。基质是营养液的介质和载体，是植物的固定物质。

经过大量研究总结，适用无土栽培的作物主要是蔬菜作物，在蔬菜作物中以瓜果类作物较适应，其中有番茄、黄瓜、哈密瓜、甜瓜较多，还有苦瓜、丝瓜、辣椒；叶类以生菜较多，还有芹菜、莴苣等。

无土栽培还常用于花卉植物、果树育苗、水果草莓培育以及牧草的种植。

无土栽培需要在一定的设备条件下进行栽培管理和满足作物生长发育所需要条件，其设施包括：

①塑料大棚或玻璃温室，用来遮风雨、保温控温。

②种植槽或种植床，它既可让植物生长在其中，又能提供营养液，是植物根际周围营养液移动的特殊装置，基质栽培的基质分布在种植床中。

③营养液的循环系统，包括贮液池，供液管道、水泵、自动调控装置设备、计算机管理系统。

无土栽培的水培法，常采用溶液流动培养方法，主要特征是

“深悬流”，即提供的营养液的液层较深，植株悬挂在营养液的水平面上，营养液进行循环流动。

营养液是将植物所需要的各种营养元素的化合物溶解于水中配制而成，通过营养液提供作物的养分和水分，它是无土栽培的核心和作物生长的基本条件。

营养液的原料就是水和含有营养元素的化合物及辅助物质，水有自来水和井水，井水应经过水质化验。

配制营养液的大量元素化合物有：硝酸钙、硝酸钾、硝酸铵、硫酸铵、磷酸一铵、磷酸二氢钾、重过磷酸钙、硫酸钾和硫酸镁；微量元素化合物有：硫酸亚铁、螯合铁、柠檬酸铁、硼酸、硫酸锰、硫酸铜、硫酸锌；用于调节营养液 pH（酸碱度）的辅助物质有：氢氧化钾、磷酸、盐酸。

根据营养液配方中营养元素化合物的用量和性质以及相互关系，将其溶于水中配制成工作液和浓缩贮备液。营养液的配方有通用型和专用型，可酌情选择使用。

配制浓缩贮备液时，不能将所有的营养盐都溶解在一起，因为高浓度的营养离/分子容易互相作用而形成沉淀，一般将其分为三种母液：A 母液以钙为中心，凡不与钙作用而产生沉淀的盐可溶解在一起，浓缩 200 倍；B 母液以磷酸盐为中心，凡不与磷酸根形成沉淀的盐可溶解在一起，浓缩 200 倍；C 母液是螯合铁和微量元素，因用其量少，可配浓缩倍数高的母液，可浓缩 1000 倍。配制工作液时，先在贮液池内加入总液量 40% 的水量，再分别依次加 A、B、C 母液，边加入边搅动，使其扩散均匀，然后加足水量并搅动和流动，达到均匀。

配制后的营养工作液，在种植作物过程中，营养液中营养元素成分和水分被消耗，需要进行补充，可以进行定期元素含量检测加以监控。水培法用电导仪和酸度计测定其电导率和 pH 值，通过自动控制装置补充和调整营养液、水分和电导率、酸碱度。电导率一般控制在 2500 ~ 3500μs，电导率太高或太低，会导致植物在生长发育中出现各种不良症状。pH 值介于 5.5 ~ 6.5 为宜，pH 值小于

5.5 时，刺激微量元素的过量吸收，大于 6.5 时，会导致营养物质沉淀。基质栽培法常采用滴灌方式供给作物养分和水分，也可采用预施肥料和补充营养液相结合的方式调控营养和水分。

无土栽培是在一定设施环境中进行的，利用这些设施，按作物生育的需要，控制光照、室温、风速、相对湿度、CO_2 浓度等地上部环境以及基质的温度等根际环境，使作物生长在最适合的环境条件下，实现作物高产稳产、优质栽培。

光照条件的调控，为提高室内采光量，注意选择防尘、防滴、防老化的透光性强的覆盖材料；在设施物材选择方面，单栋式比连栋式采光性好，温室的跨度、高度、倾斜角与采光量也有密切的关系。

昼夜温度的调控，根据作物生长季节对温度要求，采用喷雾降温和遮阳网降温，利用改良式温室、保温设施保温，可利用太阳能设施增温。温度调控必须注意空气温度与作物根际温度的密切关系。

湿度及通风环境的调控，不同蔬菜作物对湿度要求不同，湿度过大易引起病害，由于温室多处于密闭状态，采用自然通风调节室内湿度，通风有降温、防湿和增加 CO_2 的叶面运输的功能。干燥时采用叶面喷水、喷雾来调节室内温度。

CO_2 浓度的调控，CO_2 作为光合作用的原料，对作物产量和品质有很大影响，设施栽培作物，室内 CO_2 浓度相对降低而亏缺，通常采用自然通风调节 CO_2，还可利用碳酸氢铵释放 CO_2 以补充 CO_2 的浓度。

不用天然土壤而用基质配合适当的营养液进行育苗的技术，称为无土育苗技术，又称营养液育苗技术。无土育苗可减轻劳动强度，便于实行标准化管理和专业化、工厂化、商品化生产；它具有加速秧苗生长、缩短苗期、利于培育优质壮苗和避免土壤传染病虫害的作用。

目前生产上较广泛应用的无土育苗方式有：塑料钵育苗、泡沫小方块育苗、岩棉块育苗、穴盘育苗。

无土育苗营养液的供给，将配制的营养液采用喷灌方式进行，喷液育苗，根据育苗季节的气温确定喷液次数、浓度和用量。

无土育苗既用于无土设施栽培，也广泛应用于现代集约化农业生产，蔬菜、棉、油、花卉、果树、苗木等大田作物的育苗都在广泛采用。

近年来随着工厂化育苗技术的推广和新型基质的开发，固体基质的营养液栽培（无土质基栽培）受到广泛的应用，它具有性能稳定、设备简单、投资少、管理较高的优点得到充分发挥，并取得了较好的经济效益，在生产上常用固体基质栽培方法取代水培。

国际上在一般水培法无土栽培基础上，近年来出现了营养膜无土栽培，它是将植物栽在一个狭长的不透水的营养槽中，槽中有缓

图 16　无土栽培技术在“菜篮子”工程中将发挥愈来愈大的作用

慢流动的营养液，根系半浸半露、保持湿润，始终有一薄层营养液包围着根际，故称“营养膜”技术。该技术在国外已广泛采用，引起了世界各国学者和专家的极大关注和高度重视，普遍认为营养膜技术是现代农业的一大革命，它为农业生产现代化和工厂化生产开辟了有效的新途径。在英国，营养膜技术系统已电子计算机化，用远程遥控调节植物生长发育的技术已经采用。在国内，无土栽培技术正在发展之中，方兴未艾，在实现我国高产、高效优质农业现代化建设中，特别是在“菜篮子”工程中将发挥愈来愈大的作用。

7. 植物化学调控技术在新世纪农业中大有作为

植物生长发育是一项受内外多种因素综合作用的系统工程。它除了受来自父本、母本的遗传因子和环境条件、栽培技术措施的影响外，还受到体内产生的多种微量高效生理活性物质——植物激素的调节和控制。随着整个科学技术突飞猛进的发展，植物激素的研究和应用也取得了可喜的进步。其作用机理的研究已深入到分子水平。20 世纪 80 年代以来，随着分子生物学的崛起，特别是借用基因工程技术，一系列受控于植物激素的基因与调节植物激素水平的基因等已被鉴定和克隆（基因的无性增殖），一些可以与植物激素特异结合并表现出一定生理功能的受体物质或结合蛋白质已被分离、纯化。植物生长调节物质（包括植物激素与植物生长调节剂）在农业、林业、园艺、观赏和药用植物生产上的应用日益广泛，已发展成为一门新兴学科。农作物生长发育的化学调控已成为现代农业新技术之一。

20 世纪 90 年代以来，我国使用赤霉素、多效唑、缩节胺和乙烯利等植物生长调节物质的覆盖面已达每年 2 亿多亩，取得了巨大的经济效益和社会效益，前景广阔。国外，近年来，美国、日本及欧洲国家也将植物的化学调控列为优先开发的项目，受到社会重视。

植物激素对植物生长发育的调控作用是显著的，然而它在植物体内的含量是微不足道的，在1克鲜重植物样品中只含有0.1～1微克。植物激素在植物体内可以到处移动，并显示它的作用。植物激素的研究是在20世纪30年代从生长素的研究起步的。目前，为人们所公认的植物激素只有五类：生长素类（IAAS）、赤霉素类（GAS）、细胞分裂素类（CTKS）、脱落酸（ABA）和乙烯（Eth）。但近年来，支持油菜素甾体类、水杨酸、茉莉酸类和多胺类成为植物激素的呼声很高；此外，有关卅烷醇、月光花素和赤霉烯酮等的研究，在国内也取得了可喜的进展。

植物生长调节剂是指一些具有类似植物激素活性或某些生理作用的人工合成的化学物质，包括生长促进剂、生长抑制剂和生长延缓剂。目前在国内研究和应用较多的，如萘乙酸（NAA）、吲哚丁酸（IBA）、4-碘苯氧乙酸（商品名：增产灵）、矮壮素（CCC）、缩节胺（助壮素）、多效唑（PP333）、ABT生根粉、比久（B_9）、802（复硝钾）等。其中，有些生长调节剂的生理效能比植物激素的还好，而且可以通过工业生产手段制造，成本低，在农业生产上应用比天然植物激素更经济实用。

在农业生产上，通过外施植物生长调节物质，为什么能调节和控制植物的生长发育进程呢?

生长素和赤霉素的生理作用，主要是促进细胞伸长。它们也能促进细胞分裂，是比较次要的。而细胞分裂素类则是一类促进细胞分裂的植物激素。生长素、赤霉素、细胞分裂素都可促进营养器官生长和种子萌发、延缓叶片衰老。在作用机理上，三者都能促进细胞内DNA（脱氧核糖核酸）、RNA（核糖核酸）及蛋白质的生物合成。但生长素是维持顶端优势，抑制侧枝生长；而细胞分裂素是促进侧芽生长，破除顶端优势；赤霉素有加强顶端优势的作用。在两性花分化中，生长素和乙烯促进雌花分化，而赤霉素促进雄花分化。乙烯是一种促进果实成熟的植物激素，在作用机理上，可促进RNA和蛋白质的合成，是和主要水解酶活性增加相联系的。脱落酸是一种抑制生长发育的物质。在作用机理上，是抑制DNA、RNA和蛋白质生物合成的。脱落酸可以消除赤霉素对生根的抑制效应，同时拮抗赤霉素对α-淀粉酶的诱导作用。油菜素内酯是一种甾体物质，具有许多与上述五大激素不同的独特生理效应。它既能促进细胞分裂，又能促进细胞伸长，可提高光合速率，增加作物产量，还具有明显的抗冷性、抗病性、抗旱性和抗盐性，被称为逆境条件的缓和剂，也被称为第六大植物激素。

所谓生长抑制剂，包括天然生长抑制剂（如脱落酸、肉桂酸、绿原酸、茉莉酸等）和人工合成的生长抑制剂（如三碘苯甲酸、整形素、马来酰肼等）。它们抑制顶端分生组织生长，破除顶端优势，使植株矮化，分枝增加等，属于抗生长素类。

所谓生长延缓剂，与生长抑制剂有区别。它们抑制茎部近顶端分生组织的细胞延长，使节间缩短，株形紧凑、矮小等，都是人工合成的，如多效唑（PP333）、矮壮素（CCC）、比久（B_9）、福斯方-D、阿莫-1618（Amo-1618）等。它们都能抑制赤霉素的生物合成，属于抗赤霉素类。

上述植物生长调节物质在农业、林业、园艺、观赏和药用植物生产上，具体应用在哪些方面呢?

第一，控制休眠与萌发。在生产上为了提高繁殖器官（包括种子、球茎、鳞茎、块茎）的产量，延长生长季节，需要打破休眠，促进萌发，如在人参种子沙藏催芽时，可以用100mg/L GA处理种子24小时，可使胚的形态后熟期缩短一半。再如夏收的马铃薯作秋播时，可以用0.5～3mg/LGA浸泡薯块5～10分钟，阴干。可以打破休眠，促进发芽，提高出苗率20%～50%。在贮藏保鲜水果、蔬菜以及良种时，又需要延长休眠，抑制发芽。如以2500mg/L的马来酰肼（青鲜素）在洋葱收前叶面喷施，每亩药液用量60～70千克，可抑制其鳞茎萌发。将20～30克萘乙酸甲酯喷在干土上，与1000千克马铃薯块混在一起贮藏，可以有效抑制块茎的萌芽。

第二，促进插枝生根。目前用于促进插枝生根的植物生长调节物质有吲哚丁酸（IBA）、萘乙酸（NAA）、ABT生根粉等。处理插条的方法有浸泡法、蘸粘法、涂布法、喷洒法与浇灌法等。上述

ABT 生根粉是一种高效、广谱性的生根促进剂，已经推广到全国各地及二十多个国家，取得了巨大的经济效益，荣获国家科技特等奖。它有几个型号：1 号主要用于珍贵树种及花卉；2 号一般用于苗木及花灌木；3 号主要用于苗木移栽；4 号适用于处理农作物和蔬菜种子、喷苗、浸苗、灌根等；5 号适用于处理块根或块茎。如人参、三七、马铃薯、甘薯等。粉剂的浓度，对一些易生根植物一般为 500 ~ 1000mg/L，难以生根的植物可以用到 5000mg/L 以上。另外，用 500mg/L NAA 溶液浸泡桂花插条 12 小时，发根率可达 100%，90mg/L NAA 溶液浸泡茶树枝条基部 12 小时，发根率达 50% 以上。

第三，调节营养生长，提高作物产量。在这方面有许多比较成熟、有效的化调技术。在杂交水稻制种时已广泛使用 GA 喷施调控，可快速解除不育系包颈现象，增加柱头外露率，提高结实率，能成倍增加制种产量，经济效益十分显著。一般是在不育系抽穗期，喷施 40 ~ 60mg/L GA，加喷 0.5mg/L 的三十烷醇，效果更佳。多效唑是英国 ICI 有限公司推出的一种高效低毒植物生长延缓剂和广谱性的杀菌剂，国内自 20 世纪 80 年代合成以来，在禾谷类、豆类、薯芋类以及果树、花卉等作物上得到应用，具有缩短茎节、降低株高、改善个体与群体结构、增加抗倒伏能力方面都获得了成功。其中，在应用多效唑（PP333）培育晚稻壮秧和油菜壮苗方面，已成为重要的丰产配套化调技术。在晚稻秧苗 1 叶 1 心期，每亩喷施 300mg/L 的 PP333 药液 80 ~ 100 千克，或以每亩 15% 多效唑粉剂 150 克，兑水 50 千克均匀喷洒为宜。可有效控制秧苗生长高度、增加分蘖、秧苗健壮、发根力强、秧龄弹性增大、光合作用增强；壮秧带蘖移栽后早发，增加了水稻低节位分蘖比例，有效穗可增加 1 万 ~ 2 万/亩，每穗实粒数增加 3 ~ 5 粒，每亩可多产 20 ~ 30 千克，增产 5% ~ 16%。在油菜幼苗三叶期，每亩喷施 150mg/L PP333 药液 40 ~ 50 千克，具有控上促下，壮根增叶，根颈段增粗，抗寒性增强，可增产 10% ~ 20%，已推广上千万亩以上。在棉花的各个生育时期，用缩节胺浸种、育苗、保花蕾、保幼桃，取得显著效果，已推广每年达130万公顷以上。

第四，对植物开花和性别分化的调节。生长素对大豆、菊花等一些短日植物（要求一定时间短日照才能成花）的成花具有抑制作用，而施用抗生长素的三碘苯甲酸处理大豆、苍耳，则促进成花。在瓠瓜生产上，用150mg/L乙烯利喷洒幼苗（5~6片真叶），每亩用药量40~50千克，可使雄花受抑制，雌花分化受促进。早期产量比对照增产30%~60%。乙烯利对黄瓜的生理效应也类似。赤霉素对瓠瓜、黄瓜的性别分化的影响，与乙烯利相反，抑制雌花发育，促进雄花发育。在柑橘小年之际，可在花芽分化期喷施100mg/L GA_3，一次，能防止次年大年产量的过高，并在后年也有较高的产量。用1000mg/L的 B_9 处理中国水仙，开花数可增加20%~50%。

图17　乙烯利溶液可加速果实成熟

第五，调节果树发育与结实。在果蔬生产上应用生长调节物质，可诱导单性结实（不经受精作用而得到无籽果实）。在番茄开花初期用10～25mg/L 24-D浸花或10～50mg/L防落素喷花，能刺激子房迅速膨大，果实生长快，果大无籽、味道好。在葡萄盛花期前两周和盛花后10天，用100mg/L赤霉素浸花序或果穗各一次，可获得果大无籽的葡萄。

第六，调节果实成熟。乙烯可增加果皮细胞透性，加强内部氧化过程，促进果实的呼吸作用，加速果实成熟。在20℃～30℃下，用500～1000mg/L乙烯利（遇到pH值高于4.1时分解产生乙烯）喷洒在青香蕉果面上，48小时后，果实开始软化，颜色由绿转黄，果皮与果肉逐渐分离，4～5天后果肉进一步松软、甜味增加，并散发出香味。采收后的柿子放在500～1000mg/L乙烯利溶液中十几秒钟，立即取出，放在20℃～30℃条件下，2～3天后，果实开始转红变软，涩味减退变甜。

第七，防止器官脱落。萘乙酸可有效防止苹果采前落果，使用浓度因品种而异，元帅不超过40mg/L，红玉则为60～80mg/L，可在落果初期和盛落前各喷一次。用10～25mg/L 24-D，在番茄初花期至盛花期浸花朵，对防止番茄落花，增加早期产量的效果较好。

第八，延缓衰老与贮藏保鲜。细胞分裂素、生长素和赤霉素都具有延缓叶片衰老的作用，而脱落酸、乙烯则有加速叶片衰老的作用。用100mg/L萘乙酸处理小麦幼苗对延缓叶片衰老有一定的作用。青鲜素、萘乙酸甲酯、B_9、细胞分裂素都可用做保鲜剂。用1000mg/L $AgNO_3$或4毫摩尔的硫代硫酸银浸渍切花茎基端，可延长切花的寿命，这与它们抑制乙烯合成有关。

植物生长调节物质在农业生产上的应用是一项非常复杂的高新技术，它们的生理活性很高，一般微小的剂量也会产生急剧的影响，使用时稍有不当，就可能给农业生产造成莫大的损失，因此，正确地认识和使用植物生长调节物质，是非常重要的问题。

首先，在对植物生长调节物质的认识上要有辩证的观点，对五大类植物激素和多种植物生长调节剂来说，不能绝对地划分为生长促进剂、抑制剂和延缓剂。每一种药剂都有抑制和促进生长的双重作用。低浓度的生长素可促进生长，浓度较高则会抑制生长，如果浓度更高会使植物受伤、中毒死亡。24-D 浓度高（500 ~ 1000mg/L）时就是一种除草剂，可以杀死稻田、麦地的双子叶杂草。应当根据作物的种类、品种及生产目的，有针对性地选择有良好效应、符合经济要求的药剂。要特别留心药剂的浓度要适宜。作物的每一个生理过程，都不是某一种植物激素所能控制的，实为多种激素综合作用的结果。激素的绝对含量和激素间的相互平衡都很重要。此外，不同的植物或同一种植物的不同器官或不同部位，对同一浓度的同一药剂会有不同的反应，应当慎重地全面考虑。

其次，要注意药剂使用的时间。同一药剂施用于同一植物，常常由于在不同的生育期使用，产生不同的效果，如矮壮素在小麦拔节初期施用，有防止倒伏，促进穗大、粒多、粒重的效果；在孕穗期施用，不仅不能防止倒伏，而且还会影响粒数和千粒重。药剂在一天内的使用时间，一般在上午 9 时前和下午 5 时后喷施，因气温低、湿度大，从而延长了药液的吸收时间、药效最佳。在风速较大时不宜喷施，以免药剂随风飘失，降低药效；降雨前 24 小时内也不宜施用，否则药剂易被淋失，不能发挥药效。

在农业生产上应用植物生长调节物质时，要与其他农业技术措施相配合。不能单靠植物激素就可增产，而是要在综合的生产技术措施密切地配合之下，才能达到预期的目标。

今后，随着科学技术水平的提高，将会开发更多、更好的植物生长调节物质，人类控制作物生长发育的能力，将会达到一个更高的水平，汇集各种技术的发展，农业将作为一个高、新技术密集型的产业部门，在 21 世纪为人类做出新贡献。

四、防御和杀伤农作物病虫害的秘方妙药

植物保护工作就像人类医疗保健工作一样，重任在肩，任重道远。根据联合国粮农组织估计，农产品因病、虫、草、鼠危害造成的损失常年为30%～35%。在我国，危害农作物的病害有550种，虫害有700种，鼠害有30多种。估计每年损失粮食达2000万吨以上，棉花损失达400万吨以上，并会严重降低农产品质量。因此，世界上无论是发达国家或发展中国家都认识到，加强植物保护工作，提高防治病虫害的技术水平，对农业高产、稳产、优质十分重要。

在农业生产中，选育抗病虫品种是提高农作物的抗病虫能力，增加产量的有效措施。近年来，国内外科学家采用植物基因工程方法，如基因转移技术，为植物病虫害防治开辟了新的途径。目前，抗病毒烟草、抗病毒番茄、抗虫棉、抗虫烟草、抗虫番茄、抗虫水稻等，还有抗真菌烟草、葡萄、菜豆等，都已经开始进行田间试验；有的作物（如抗虫棉）已进行了大面积推广，不仅保证了棉花高产、稳产，而且由于减少杀虫剂的用量，既降低了成本，又对保护环境有巨大作用。

在防治植物病、虫、草、鼠害中，化学农药今后仍是必不可少的手段之一，但需要积极开发高效、低毒、低残留的新品种，要重视生物防治和生物农药的开发和利用。

近年来，利用昆虫性信息素、虫生真菌、棉铃虫核多角体病毒、天敌昆虫以及昆虫病原线虫等防治虫害方面，已取得了很大的进展。植物性农药日益受到重视。高科技生物农药——基因工程农

药，即利用基因重组技术研究高效的病毒杀虫剂、真菌杀虫剂、细菌杀虫剂等，正在取得迅速进展。可以说，在21世纪现代农业的植物保护工作中，生物农药将建奇功，生物防治前途广阔。生物技术应用于生物防治的前景诱人。

1. 植物也要打“预防针”

人体通过打预防针，能起到免疫作用，预防许多种疾病的发生。那么你听说过植物也要打“预防针”吗？当然也需要。因为，世界上的生物都是一样，在适宜的环境条件下，能够健康成长；但在不利的环境条件下，就会受到病菌的侵袭，加之自身的抵抗力下降，生物体就会得病。

给植物打“预防针”，预防植物感病，是在病原菌侵入寄主植物前进行的。大家知道，植物无论得哪一种病，都不是一两天就暴发的，这期间病菌从侵入寄主到表现症状，会经历一定的时间，打“预防针”就应注意时点。从生产实践应用的效果来看，以植物寄主表面施药保护的效果为好，因为只要植物表面药物覆盖充分，药效维持的时间长，就能达到良好的保护效果，就像人体穿了防弹衣，而免受枪弹的袭击一样。

用化学农药打“预防针”切记掌握在病原菌侵入之前。生产上防病失败，往往就在病原菌已经侵入植物体内，农民打药成了“马后炮”，故防病效果差。作为“预防针”的农药，它的特点应该是既难溶于水，防止被雨水冲刷掉；又要能在水中渐渐溶解，缓慢地释放出有效成分来杀灭病菌。这类农药在使用说明中有介绍。通过打“预防针”，药剂也可渗入植物内部，使其代谢发生变化，从而增强了寄主植物对病害抵抗的能力，增加了免疫性，避免或减轻病菌的侵染。这就是打“预防针”的原理。

生产上用粉锈宁、正业海岛素处理小麦种子，可使其对小麦散黑穗病、锈病、根腐病、纹枯病等产生免疫能力；用羟锈宁处理玉米、高粱等种子，可使玉米、高粱免受丝黑穗病菌的侵害。原理是这类新型杀菌剂渗入种子内部，而起到了保护作用，随着小麦、玉米、高粱等作物的发育，植物代谢发生了改变，病菌变衰弱，不能发育，逐渐死亡而溶化。

近年来，随着生物技术日新月异的进步，人们已经开始利用植物基因工程给植物打“预防针”，通过向植物中转入病毒蛋白基因可以提高植物抗病能力，就像医生给人体打预防针一样，接种牛痘可以免除天花病毒感染。这也就是生物交叉保护现象。通过接种病毒弱毒株系，可以保护植物免受强毒株系的感染，是常见的交叉保护现象。

给植物打“预防针”主要有以下三种方法：一是种子种苗的化学处理；二是生长期的喷粉和喷雾处理；三是通过基因工程方法实现交叉保护。

第一是种子种苗的化学处理。为什么要给种子、种苗打“预防针”呢？这是因为一部分植物种子种苗可以传播病害或已带有病菌，用药剂浸泡，处理种子、种苗就能消灭病菌最初的侵染来源，且由于种子、种苗较集中，不仅打“预防针”的效果好，而且用药最经济。特别是种子，大多数处在休眠状态，此时用药，耐药性强，可以选择杀菌力强的药剂进行浸种预防。

对于病菌在植物幼苗期侵入的，如棉花立枯病、炭疽病等，打“预防针”的办法是用多菌灵、抗菌素 401、苗病净等药剂拌种，在种子播种后、病菌蠢蠢欲动，但尚未侵入前发挥药剂效果，将靠近种子土壤中的病菌杀死或抑制其生长而保护种子。

对于病菌附在种苗外部的，如水稻白叶枯病、细菌条斑病、棉花角斑病、小麦腥黑穗病，可用药剂浸种、拌种的方法，杀死种苗携带的病菌，以保护种子免受侵害。

对于病菌钻入种皮间的，如大麦条纹病，或菌丝隐藏在种皮内部，有时甚至深入到糊粉层内，如小麦赤霉病菌从种子表层深入到糊粉层内，必须用具有渗透性强的药剂或物理方法，如温汤浸种等，也就是温水消毒杀菌。

对于深入种苗内部的病菌，一般用药剂的效果较差，如小麦散黑穗病等，常用温汤浸种或石灰水浸种。

第二是生长期喷粉喷雾处理。这种方法是针对从天上飞来的病菌，这些病菌一般由空气或雨水传播，因此根据作物长势和天气预报，在生长期发病前喷药，可以到达预防保护作物的目的。如小麦赤霉病，一般是花期侵染，后期表现症状，在长江中下游地区，几乎每年在小麦花期都要遇到雨季，有利于病菌孢子萌发侵染，所以在小麦花期打保护药预防已成为该地区每年的常规工作。近年来湖北水稻生产区的水稻后期综合征也是如此，由于栽培条件的变化，施肥水平的提高，植物生长茂盛，田间湿度大，后期水稻常发生褐色叶枯病、叶鞘腐败病、纹枯病、云形病、稻曲病和紫秆病等多种病害。这些病害混合发生，称为水稻后期综合征。预防的方法是提前打"预防针"，即打正业海岛素或荆福鑫系列药剂，提高植株的抗病能力。

第三是通过基因工程方法实现交叉保护。我国科学家将烟草花叶病毒和黄瓜花叶病毒外壳蛋白基因拼接在一起，构建了"双价"抗病毒因，转入烟草获得了同时抵抗两种病毒的转基因植株。田间试验中对烟草花叶病毒的防治效果为100%，对黄瓜花叶病毒为70%左右。美国科学家将烟草花叶病毒的外壳蛋白基因转入番茄，在接种了烟草花叶病毒以后，转基因番茄只有约5%的植株得病，产量不降低，而对照植株的发病率为99%。上述结果表明，采用生物技术，给植物打"预防针"是提高农作物抗病能力的有效途径。

除上述预防因素外，还可以通过植物检疫的途径，达到打"预防针"的作用。植物病虫害有4种传播途径：一是由带有病虫的种植材料，包括种子、苗木及食用谷物等农副产品的输出或输入；二是国内外贸易或运转中包装材料，这些材料可能是农作物的秸秆或其他副产物，其中常常有潜伏的病菌、虫卵甚至活虫；三是通过鸟类或昆虫，作远距离传播，或者由高空气流传带到较远的地区：四是依附现代交通工具如火车、汽车、轮船及飞机作远距离传播。

这四种途径除第三种不易为人力直接控制，而必须采取以上打

“预防针”的办法外，其他三种是完全可以通过植物检疫制度加强控制达到目的的。具体来讲，就是要把好“三关”：

一是产地检疫关。针对种子、苗木和其他繁殖材料具有发生疫情的可能性，国务院《植物检疫条例》第十一条规定，植物检疫机构应实施产地检疫，也就是植物医生到田间进行诊断。

二是调运检疫关。针对调运种苗容易传播危险性病虫的实际情况，《湖北省植物检疫实施办法》第十三条规定，调往省外的种子，由调出单位向植物检疫机构申请，检验合格后，签发检疫证书。从外省调入的种子，调入单位必须先征得本省植物检疫机构及其授权机构的同意，并向调出单位提出检疫要求，调出单位根据所提要求，向本省植物检疫机构申请检疫，调入省检疫机构对调入种苗查核检疫证书，必要时进行复检。

图 18　植物病虫害可依附现代交通工具作远距离传播

三是市场检疫关。这是植物及其产品进入流通领域中最后一道关。《湖北省植物检疫实施办法》第五条规定，在市场交易的种子、苗木等繁殖材料及应施检疫的植物及植物产品，均应办理植物检疫手续。通过上述各种打“预防针”的措施，即使病虫害有千军万马，三头六臂，也难以肆意妄为，从而达到“防患于未然”、保护农业生产安全的目的。

2. 昆虫性信息素能防虫治病吗?

众所周知，农作物同其他生物一样，在其生长发育过程中，也会受到病虫害的侵袭，在一般情况下，农民的主要防治手段就是化学农药，以及近年采用的天敌防治。然而，你可曾知道，还有一种“以毒攻毒”的方法，就是利用害虫本身的生理生化特性和行为特点，扰乱害虫家族的繁衍生殖，达到有效控制害虫的目的，这就是昆虫性信息素的运用。

近年来，利用昆虫性信息素防治害虫的运用研究已经有了突破，有的正在大规模推广运用。它具有经济有效、不污染环境、保护天敌、使用方便安全和无抗性问题等优点，是病虫害综合防治中的一项新技术。

昆虫怎样发出性信息素呢？这要从昆虫“语言”说起。生物繁衍必须求偶，雌雄双方要有一种语言沟通。可昆虫不会说话，更不能像人类那样说“情话”，写“情书”。它们只能靠一种具有特殊功能释放的性信息素去勾引对方。

昆虫发出的性信息是双向的：雌虫释放的气味可以引诱远距离的雄虫，还可以作为交配前雄虫的性兴奋剂和唤起雄虫的反应；而雄虫释放的气味又是两性交配中的刺激物，主要是激发雌虫的性欲，使它们更易接受雄虫的追求（催情剂）。如直翅目害虫，未交配的雌虫产生一种挥发性的性外激素，能引诱雄虫和引起雄虫的触角波动，集中注意并朝着雌虫方向移动，或产生一种使雄虫产生求偶行为的挥发性引诱剂。

了解昆虫性信息素的作用，就可以研究昆虫性信息素的合成物，利用合成物的气味，干扰昆虫雌雄间的交配通信，通过它们的“情人杀手”达到控制和减少其同类对农作物危害的目的。近年来，研究昆虫性信息素的技术主要包括性信息素的提取、生物测定、室内实验技术等。

一是性信息素的提取。提取性信息素分冷捕法、溶剂粗提法和吸附捕集法。这几种方法都是化学工业机构提取性信息素的基本方法。对于应用单位只要了解其概念。

二是性信息素的生物测定。生物测定就是利用活体或部分器官（例如昆虫触角）受刺激后所显示的行为特征，或者生理反应来判断性信息素的存在与否，这是性信息素化学结构鉴定和昆虫行为研究中生物活性测定的基本手段。

三是利用室内实验技术，在实验室模拟昆虫的行为反应进行研究和测定，并通过模拟田间环境的物理模型，得出理想的实验结果。

利用昆虫性信息素防治害虫的方法一般有两种：

第一种是大量诱捕法。顾名思义，大量诱捕法就是在农田中设置大量的性信息素诱捕器，通过这些“爱情陷阱”诱杀田间雄蛾，导致田间雌雄比例严重失调，减少雌雄的交配几率，使下一代虫口密度大幅度降低。这种方法对那种“一夫一妻制”的害虫特别有用。例如杨树透翅蛾雌雄比为1∶1，雌雄均为单次交配。因此，只要诱杀掉一只雄蛾，另一只雌蛾将成为终身“嫁不出去的剩女”。因此可以得出结论，当所设置的诱捕器数量和有效诱捕范围达到能和田间雌蛾相竞争的程度时，就能控制害虫的种群数量，特别是对那些雌雄性比接近1∶1、雄蛾为单次交配的害虫，大量诱捕法可算是一种经济有效的防治措施。

近年来湖北谷瑞特生物技术公司研发的柑橘大、小实蝇诱杀剂，防治柑橘大、小实蝇，应用效果很好。

第二种是交配干扰法。就是让那些“有情虫难成眷属”。利用性信息素来干扰雌雄间的交配通信联系，其基本原理是让害虫在充满性信息素气味的环境中，就好像猪八戒在金丝洞中被蒙上了双眼，虽然周围美女绕身，但他丧失了抓住“美女”的定向能力。那些“美女”从他身边擦肩而过，他一抓却扑了空。在这种环境中，即使雌雄蛾双方有情也难于成双结缘，致使田间害虫雌雄间的交配几率大为减少，从而使下一代虫口密度急剧下降。

据目前的应用研究结果，用性信息素干扰雌雄间的交配有三种可采用的技术：

①使用目标昆虫的性信息素。该技术是直接使用人工合成的性信息素弥散于田间，直接干扰雌雄间的交配通信，这在棉花红铃虫的防治上已经取得成功。

②采用目标昆虫性信息素的类似物。有些化合物的化学结构和天然性信息素非常相似，对雌蛾也具有引诱作用。尽管这类性信息素类似物的生物活性比天然的低，但若将其置于田间，同样起到干扰雌雄间交配通信的作用。

③使用目标昆虫性信息素的抑制剂。近年来在田间进行筛选试验，发现某些化合物和性信息素放在一起时，性信息素即失去了对雄蛾的引诱作用。例如研究茶小卷叶蛾的性信息素的化学结构后，在田间喷洒含有抑制剂的微胶囊剂型防治茶小卷叶蛾，两星期喷洒一次，前后共处理3次，结果表明，处理区内的监测诱捕器仅诱到少数雄蛾，由于抑制剂的作用，那些充满诱惑的雌蛾调动不起来雄蛾的激情，那些雌蛾只好“守活寡”，到了下一代，幼虫的发生量明显下降了。

最后谈谈性信息素的释放技术：

一是疏布式。疏布式是以宽距离间隔放置释放大剂量性信息素的释放器，释放器的间隔距离一般为几十米至几百米，因虫和原液量而异。可采用金属碟来盛放性信息素原液，直接置于田间，也可采用含性信息素的聚乙烯管束、滴有性信息素的绳结等作为释放器。这类释放器的信息释放速率为每小时数毫克至几十毫克。

例如，在早期的棉红铃虫防治试验中，使用含海克引诱剂的释放器，以每夜每公顷20毫克的剂量释放。当释放器的间距为30米时，雄蛾的定向抑制率达90%以上，而当间距超过70米时无效。近年来，上海昆虫研究所采用高斯信息素进行交配干扰大田防治试验，用聚乙烯薄膜袋作释放器，每亩放置30个释放器，试验结果表明：处理区的交配率比对照区下降了10%以上，铃害率减少了26.6%。另一组试验是采用硅橡胶作剂型分别在2公顷的5块棉田进行交配干扰防治试验，每代亩用剂量为0.25~0.6克，试验结果表明：雄蛾定向抑制度达95.4%~99.2%，交配率下降了11.5%~47.9%。

采用疏布式技术能否达到干扰交配的目的，主要取决于释放器释放到田间空气中的有效浓度，所设置的释放器间距以能使整个防治达到干扰雄蛾定向，切断雌雄间的通信联系的有效浓度为标准。这方面要严格按操作说明使用。

二是密布式。密布式是在用飞机或其他机械设备密集撒布大量微型信息释放器，由于在单位面积内密集设置大量性信息素释放器，容易获得有效浓度在整个防治区内均有分布，这是目前商品化产品常采用的释放技术。

早在20世纪70年代，国外在林区使用微胶囊剂型来防治舞毒蛾，每公顷喷洒2~5克性信息素的微胶囊，其结果雄蛾的定向飞翔受到抑制，像无头苍蝇一样到处乱闯，有效期可达6~8个星期。将剂量增加到每公顷15克，雌雄交配率显著下降，危害减轻。

近年来，美国阿尔巴尼公司开发使用一种含性信息素的空心纤维来防治棉红铃虫并获得了成功，这项技术已在包括我国在内的许多国家的棉区使用。

3. 虫生真菌知多少

世界上的万物都有相生相克的属性，昆虫也不例外。昆虫的种类繁多，然而，寄生于昆虫的天敌也不少，世界上已发现寄生于昆虫的真菌有530多种，分布在真菌的藻菌、子囊菌和半知菌类中。其中能作为杀虫剂的菌种主要分布在藻菌类和半知菌类中。

图 19　世界上的万物都有相生相克的属性

就藻菌类而言，虫生真菌主要是虫霉属类。它们寄生于害虫体上，使昆虫身上长出像狼牙棒的东西，专家们称谓孢子梗，这种孢子梗插进害虫表皮，吸取害虫的营养，最后导致害虫死亡。虫生藻菌能寄生多种害虫，如蝗科、粉蝶科、夜蛾科、蚜科、蝉科等害虫。

子囊菌的虫生真菌主要是虫草菌属。属于这个类群的杀虫真菌有冬虫夏草、香棒虫草、半翅目虫草等。

属于半知菌类的虫草真菌主要有白粉虱赤霉类，链孢霉属灰霉菌以及白僵菌、绿僵菌等。

真菌杀虫剂的资源十分丰富，随着人们的研究，将会开发出更多的寄生于害虫的真菌。

昆虫真菌病中以白僵菌占多数，占虫生真菌病的五分之一左右。我国南从海南岛，北至黑龙江，都发现有白僵菌。白僵菌有其独特的生物学特性。此菌是一种寄生昆虫的病原真菌，属于半知菌类、白僵菌属。不同来源的白僵菌株对害虫有不同的寄生能力，有的对钻心虫寄生性强，有的对棉铃虫有较强的寄生能力，有的对森林害虫松毛虫寄生性较强。总之，白僵菌具有杂食性，是很多害虫的天敌，能寄生于蝗虫、螟蛾、毒蛾、蝉、蚜虫、金龟子等60余种害虫。

白僵菌繁殖后代靠一种称为分生孢子的物质。分子孢子很轻，可随风传播，遇到适宜环境很快萌发，长出菌丝，然后就在寄主作物上安家落户，过一种带“剥削”性的寄生生活。菌丝纤细而透明，交错组织成菌丝体，菌丝有横隔膜，后期生成分生孢子梗，每一个梗上长出一个分生孢子。孢子无色，球形或卵形，在干燥或低温条件下休眠，经过数年仍不丧失萌发能力。不仅孢子可以传宗接代，菌丝体也有再生能力。就像玩魔术一样，一个布条在魔术师手中一抖，变成了一块布，而短短的一段菌丝，在适宜条件下就可长出大量块状的菌丝体。

白僵菌的生长和繁殖需要一定的条件，培养时必须满足这些条件。“民以食为天”，生物都是要有一定的生活条件的。白僵菌需要的营养主要是碳素和氮素以及某些微量元素。培养时除了人工合成食品外，还可以利用天然食品，如土豆、胡萝卜、麦麸、玉米面、南瓜等。

温度对于白僵菌也很敏感，在24℃~28℃范围内菌丝生长最快；低于15℃或高于28℃时菌丝生长缓慢，但形成孢子较快；它对高温的抵抗力很差，50℃以上菌丝即大量死亡。

白僵属于好气性真菌，它像人一样需要空气，在其生长发育过程中，需要足够的氧气，否则不能正常生长。一般在中性或微酸性环境中生长良好，培养基的酸碱度调到pH值6~7为宜。它天性好水，生长湿度需要90%~95%，湿度太低对生长不利。

白僵菌的杀虫作用主要是通过分生孢子接触到虫体后，遇到适宜的温度和湿度就能萌发，形成菌丝。菌丝像一根根银丝，可穿透虫体壁伸入体内，进行繁殖。一方面由于菌丝生长而消耗害虫体内的营养，另一方面菌丝在虫体内繁殖，分泌一种毒素，影响血液循环，干扰新陈代谢，引起害虫中毒死亡。

虫体感染初期并无明显病症，后期身体表面多处产生油斑状湿润性病斑。病斑出现后害虫表现为食欲不振，行动迟缓。幼虫感染一般3~7天死亡，成虫稍晚些。死虫体变僵硬，身体表面长满白菌丝，整条害虫呈白茸毛状，就像覆盖了一层鹅毛大雪，受害的虫子称为白僵虫。在白僵虫体上还可以产生分生孢子，其他健康的虫子接触后，又导致感病而死。一个侵染周期为7~10天，可以循环蔓延而使害虫大量死亡。

白僵菌的杀虫剂使用方法，在防治农、林、果、蔬菜害虫方面有喷菌液、喷菌粉、放活虫法和施颗粒剂等方法。

一是喷菌液。先将菌剂用水（最好用30℃温水）浸泡2~3小时后，按每公升菌剂加水80~100千克淋洗过滤，如原料经过粉碎，亦可直接加水稀释使用，不需过滤。用高压喷雾器喷洒，每亩用菌剂0.5千克左右。

二是喷菌粉。将菌剂粉碎加细土过80~100目筛拌匀后，用手摇喷雾器喷撒或装入纱布袋绑在竹竿上撒粉。每亩用量0.5~0.75千克。此法适宜林、果等高大植株或水源不便的地区，在湿度较大的季节，如江南的春季和初夏，使用效果较好。

为了充分发挥杀虫性能，提高防治效果，不论喷菌液或菌粉，均可掺混低剂量的（常用量的1/3左右）的化学农药，例如0.25%的辛硫磷配成菌药合剂应用，既可加速害虫的死亡，又可以减少菌剂和化学农药的用量，从而降低成本。值得注意的是，应用菌药混合时应随配随用，以免白僵菌孢子受药害，降低杀虫效果。

在大面积防治森林害虫时可用飞机喷洒，喷药方式应根据虫龄大小而定。

三是放活虫法。这种方法就像打仗时活捉了俘虏，在俘虏身上安装了定时炸弹再放回去。方法是用塑料提桶或虫笼将4龄以上的幼虫采回，用5亿孢子/毫升的菌液将虫体喷湿，然后放回果树、林间，让活虫自由进行爬散。每一点释放带菌虫400～500条，此法在应用中效果很好，不受条件限制。

四是颗粒法。用白僵菌颗粒剂防治玉米或高粱钻心虫，能发挥良好防治效果，因为玉米，高粱喇叭口内适宜害虫生长，也适宜白僵菌孢子萌发，所以颗粒剂撒入喇叭口有充分的机会使害虫与白僵菌孢子接触，从而致死害虫。每亩玉米每次用0.5千克70亿活孢子/克白僵菌粉剂与5千克沙子拌合成颗粒剂，在玉米心叶期撒于喇叭口内，每株2克左右。

白僵菌虽然用处很大，但它也比较娇嫩，使用白僵菌时应注意以下问题：一是在养蚕区禁止使用；二是阴天、雨后或早晚湿度大时，配好的菌液要在2小时内用完，以免孢子过早萌发，失去侵染能力；三是不能与杀菌剂混用；四是应贮存在阴暗、干燥处。

4. 害虫天敌建奇功

我国地大物博，历史悠久，环境复杂，地形多变，气候差异大，作物及害虫种类繁多，天敌资源十分丰富。千百年来，在由传统农业向现代农业迈进的漫长发展过程中，形成了不断变化的农业生态系统和害虫、天敌之间的动态平衡。我国自然天敌的种类及其作用，早已为国内外生物学者所重视并予以应用。

自20世纪50年代以来，化学工业突飞猛进地发展，大量的有机化学农药被生产应用，从而产生了一系列的问题，如农药对环境的污染，害虫产生抗药性，农药毒杀害虫的天敌，某些害虫的再猖獗，防治费用不断提高等。为了解决这些问题，根据有机体与环境对立统一的自然规律，专家们对农作物与害虫，害虫与天敌，以及二者同农业生态环境之间的辩证关系，开展了一系列的研究。

害虫和天敌是自然界中的一对矛盾的两个方面，在矛盾斗争过程中，天敌经常抑制害虫的发生。根据这个道理，人们利用害虫的天敌去防治害虫，专家们称为生物防治。

害虫的天敌很多，主要包括病原微生物和天敌昆虫两大类。病原微生物如真菌、细菌、病毒和原生动物、寄生线虫，天敌昆虫如捕食性蜘蛛及寄生性昆虫和脊椎动物。

利用天敌防治害虫的对象有农业害虫、森林害虫、卫生害虫及仓库害虫等。其方法主要是利用某些生物或代谢产物去防治害虫，其特点是人畜安全，避免环境污染，而且不伤害天敌，对一些害虫的发生发展有长期抑制作用，可以说是收到“一劳永逸”的效果。由于我国幅员辽阔，天敌资源十分丰富，是未来待开发的一种取之不尽、用之不竭的自然资源。在生产利用过程中，可以就地取材、土法上马、综合利用，从而降低生产成本。因此，可以预言，在未来的害虫综合防治中，生物防治将发挥越来越重要的作用，起到事半功倍的效果。用天敌防治害虫将在农林生产中建奇功。

30 多年来，利用天敌防治害虫在我国已经取得了许多新的成果。例如许多省利用赤眼蜂防治稻纵卷叶螟、松毛虫、玉米螟、棉铃虫等，逐步扩大了赤眼蜂的用途；保护瓢虫过冬，近地迁移瓢虫，能有效地防治棉花蚜虫；繁殖白虫小茧蜂，防治紫胶白虫；繁殖草蛉，防治棉铃虫；利用捕食螨，防治柑橘叶螨；保护稻田及棉田蜘蛛，防治稻虫及棉虫；利用病毒防治森林害虫等，已取得了可喜的成绩。然而，要更进一步大面积推广应用，必须解决以下两个问题：

第一，创造天敌昆虫在野外繁殖的条件。其目的在于把存在自然界中的天敌数量积累起来，以利于抑制害虫。这方面的工作应用于寄生性和捕食性的昆虫较多，也有应用于益鸟和青蛙。在实施的方法上，首先是直接保护天敌，这是一种比较简单的积累自然界害虫天敌的方法，所以使用比较普遍。其方法是把已经存在田间或森林里的害虫天敌，在适当的时间用人为的方法把它们保护起来，免受不良因素的影响，让它们在良好的环境中繁衍生息，多子多孙，使其保持旺盛的家族种群。如浙江出丝绸的蚕桑区，桑蟥的蛹常被寄生蜂或寄生蝇寄生，当地农民采集虫蛹，放进竹织的益虫保护笼，挂在树上，寄生蜂、寄生蝇羽化后，从保护笼里飞出至田间，寻找桑蟥蛹寄生，而笼内未被寄生的桑蟥羽化后，因体积较大，钻不出保护笼，结果困死笼内。

第二，人工大量繁殖天敌昆虫。当本地天敌在自然界控制不住害虫发生，尤其是在害虫发生前期，由于天敌数量较少，处于劣势对害虫的控制力很低时，可以通过人为的方法，在室内大量繁殖天敌，在害虫发生之初，将繁殖的天敌释放于田间或仓库，常可取得较显著的防治效果。20世纪70年代以来，在我国许多地方大量繁殖和应用的天敌有棉花红铃虫金小蜂、水稻螟虫赤眼蜂、甘蔗螟虫赤眼蜂和荔枝蝽象平腹小蜂。

在进行人工大量繁殖天敌时，首先是要解决寄主的食料问题。目前，一般有下列几种方法：

①用害虫爱吃的某些植物如瓜、果、块茎、叶等饲养寄主。如用马铃薯幼芽或南瓜饲养寄主粉蚧，将粉蚧养肥了，再用于饲养一种称为孟氏隐瓢虫的天敌。

②利用上述植物部分饲养能为天敌所接受的转换寄主。如用蓖麻叶饲养蓖麻蚕，用蚕卵来繁殖赤眼蜂等。

③用人工来饲养寄主。如用昆虫营养所必需的一些糖类、无机盐、维生素、酵母等来饲养一些昆虫，再以此来繁殖害虫的寄生蜂。

当田间存在相当数量的寄主时，也可以直接从田间采回来喂养天敌，而不必通过繁殖，如人们有时利用诱蛾灯诱集松毛虫、灯蛾、地老虎及其他一些常见的容易找到的昆虫做寄主。但这些寄主受自然界发生数量的限制，供应量不稳定，通常只能作为补充寄主。

一种天敌是否能进行人工大量繁殖，能否找到适当的转换寄主，即从室内转换到田间，常是一个关键性的问题。为了避免大量繁殖时走弯路，在人工繁殖前应考虑田间寄主害虫的以下因素：

①这种寄主能为天敌所寄生或捕食，而且是天敌喜爱的食物；

②天敌钻进寄主的身体内能顺利发育；

③寄主的营养有利于天敌在体内成长；

④寄主的体积较大；

⑤如果天敌是卵寄生蜂，则要求寄主卵的卵壳较坚硬，不易龟

缩，而且寄主卵量多；

⑥寄主食料可整年供应而且价廉；

⑦寄主每年发生世代多；

⑧易于饲养管理的寄主。

5. 植物性农药有绝招

许多人都读过美国著名科普作家莱切尔·卡逊著的《寂静的春天》一书，书中带有预测性而并非夸张的许多章节描述，如《再也没有鸟儿歌唱》、《死亡的河流》、《自天而降的灾难》等，使人们不得不重视一个可怕的现实，大量无节制地使用化学农药将给这个地球带来灾难性后果。此书除了重点介绍化学农药对生物的

图 20　小心农药残留

危害外，从环境污染的新角度重新唤起了人们对古老的生态学的兴趣，阐述了环境和人类之间的密切关系，提醒人们开发利用高效低毒无残留农药。应大力提倡的就是生物农药，在生物农药大家族中，有一类开发运用前途很大、范围很广的生物农药，这就是植物性农药。

什么是植物性农药呢？植物性农药是指用于防治作物病虫害的植物体或植物体的提取物，有时也包括提取物的人工合成物。由于植物农药的有效成分是自然存在的，一般易于降解，对人和动物的毒性最低，对生态环境的影响较小，故近年来在国内外都是积极研究和开发植物性农药。

我国幅员辽阔，地形及气候复杂多样，这种得天独厚的地理环境和气候条件，为各种植物的生长、繁衍提供了适宜的场所。我国现有高等植物 30000 多种，其中有毒植物 10000 余种，这些有毒植物大多具有杀虫、杀菌效果。一些种类长期以来一直被我国劳动人民作为防治病虫害的农药应用于农业生产。

在两千多年前，《周礼秋官》中已有“剪掌除蠹，以莽草熏之”的记载。在《本草纲目》中也都记载有我国劳动人民使用于杀虫的植物。《本草纲目》一书中所叙述的 1892 种植物中，有不少是用来防治害虫的，例如百部、藜芦、马前子、苦树皮、烟草、樟脑、野刺麻、闹羊花等。最早的杀虫剂是自然界里原来就存着的各种植物。例如用烟草杀虫，我国 200 年前就有了。清朝道光年间，广东就有“烟旱秆及底叶，用插稻根，可杀灭稻苗诸虫”的记载。在化学合成农药应用于农业生产之前的数千年中，人类主要是利用植物农药，控制农作物的病虫害。由于植物性农药具有残留低、污染少、药害小的特点，因此直到今天，不仅继续用于农业生产中，并随着科学技术的进步与发展，其开发运用的范围还在不断地增加和扩大。

在新中国成立初期，我国对闹羊花、巴豆、百部、雷公藤、厚果鸡血藤等进行了包括应用在内的研究。20 世纪 50 年代末，各地挖掘出了很多种植物性农药，仅《中国土农药志》中就记载了 220

种植物性农药，分属于86个科。如我国南方产的鱼藤，在蔬菜害虫方面起了很大作用，并在广东、广西等地大量栽培，鱼藤乳剂早已成为普遍使用的商品农药。除虫菊早年从日本传入我国，现已大面积栽培和应用。烟草含有一种烟碱，提取后可以防治多种害虫，现在用于防治农作物害虫的有水稻螟虫、棉花蚜虫和果树害虫。目前在我国已登记并商品化生产的植物农药有腐别清、茴蒿索、毙蚜丁、硫酸烟碱及川楝素等。其中腐别清是一种松树根的蒸馏物，它是我国开发使用较成功的一种植物农药，20世纪90年代以来，用以防治苹果腐烂病的面积，年平均达100余万亩次。这些农药的商品化生产，改变了过去农民土法加工、自制自用的形式，使植物农药逐步走向工业化和商品化。

自20世纪60年代以来，又发现植物中含有一种激素。经研究，是昆虫变态激素，这使植物性农药家族中又增添了新的成员。其中昆虫蜕皮激素是昆虫体内极微量的内激素，它有调节昆虫变态发育的作用，可以使许多农作物害虫在其生长发育过程中，在幼虫变成成虫的过程中发生畸变，从而杀灭。因此，昆虫蜕皮激素被农业专家称第三代杀虫剂。

目前，国外试验过的植物已超过1200种，其中高等植物有200多个科，在80个科中存在蜕皮激素这类物质，如有一种叫露水草的植物，地上部分含量为1.2%，地下部分高达2.9%，这个含量比最初从昆虫或是蟹及甲壳动物中提取的含量高数百倍乃至数千倍。

我国在蜕皮激素的植物资源和化学研究及应用方面取得了很大进展，发现了多种含蜕皮激素的植物。20世纪70—80年代，先后从露水草、陆均松、南方红豆杉、野芝麻、鸡毛松等植物中提取出β-蜕皮激素，并成功地运用于蚕业生产。1973年以来，我国在广东、江苏、浙江、四川等地用昆虫保幼激素进行家蚕增丝试验，使蚕茧量增加10%~15%，茧层率增加15%~29%。但存在着质量上的一些弱点有待进一步克服。我国在蜕皮激素资源植物研究上取得的进展，使我国成为目前世界上唯一能工业化生产蜕皮激素的国家。

植物农药的突出特点是基本无公害，从而受到农药界的重视。在1992年全国第二届农药创制研讨会上，专家们一致认为：我国天然植物资源极其丰富，既可直接利用作为杀虫剂使用，又可以从中得到创造新农药的启示，成为新杀虫剂创制的源泉。

植物性农药对害虫有多方面的抑制作用，如植物通过生物化学变化，产生某些代谢物质，可以抑制害虫的生长、发育、繁殖过程中的某一阶段；控制害虫寄生、进食、产卵等生活行为：制造抗生素扼杀害虫的正常生理活动而导致迅速死亡；释放的蜕皮激素、保幼激素及早熟素致使害虫变异、畸形、不育等。

植物性农药与化学农药相比，有以下明显的不同特点：

一是植物性农药一般不产生公害。它的有效成分通常是由氮、氧、硫等元素组成的复杂有机化合物，它们在自然环境中易于分解，积累性的毒害不大。不仅如此，植物性农药对害虫的天敌不伤害，可维持生态平衡如用于预防蔬菜、果树、棉花等农作物的病虫害，基本没有残留性的毒物，也不影响农产品的品质，特别适宜无公害污染的绿色食品生产，所以近十几年来国内外对植物杀虫剂引起高度的重视。

二是害虫不易对植物性农药产生抗药性。以烟碱和除虫菊为例，已分别使用近100年和200多年，至今尚未发现有明显抗药性的害虫。而人工合成的除虫菊酯类杀虫剂，自1982年在国内推广运用以来，至今已知至少有近40种害虫对它产生不同程度的抗药性，用拟除虫菊酯防治伏期棉蚜的有效用量增加了12倍，而其防治效果日渐衰退。植物性农药的这一特点，使它一旦提取加工形成定型药剂后，而不必担心害虫产生抗药性。

三是植物性农药种类多、分布广，适于就地取材、加工和使用。开发和使用植物性农药是农药工业发展的一个方向，也是保护环境、维护生态平衡和人类健康安全的需要。随着研究和开发工作的深入，必将有更多的植物农药问世和使用，植物农药在整个农药中也将占有一定的地位。

6. 奇异的无公害农药——苏云金杆菌

有人预测，21 世纪对人类最大的威胁不是战争，不是饥荒，而是生态环境的恶化。鉴于此，保护生态环境已成为21 世纪全人类面临的中心问题之一，并已受到全人类的高度重视。早在 1992 年，联合国在巴西召开的“世界环境与发展大会”，就有 183 个国家参加，102 位国家元首出席，被人们称为“地球首脑会议”。这次盛况空前会议形成了一个重要决议，核心是保护环境和生态不受破坏，资源可持续利用。决议中指出，在全球范围内控制化学农药的销售和使用，同时将不断提高无公害生物农药的产量。我国也将“绿色食品和生物农药的发展”列入了“中国 21 世纪议程”，“十一五”期间，国家又提出“绿色植保”理论，禁止使用高毒农药。

在众多的生物农药中，研究最多、产量最大、应用最广的是苏云金芽孢杆菌，其制剂也是唯一能与化学农药竞争的生物农药，它是生物农药家族中最重要的成员，也是害虫生物防治大舞台上的主要角色。

苏云金芽孢杆菌是何物呢？它是一种微生物细菌，个体非常小，只能在显微镜下才能看得见，确切地说是一种产生伴孢晶体的芽孢杆菌。它的发现已有 100 多年的历史。首次发现这种细菌的是日本学者石渡，他于 1901 年从病死家蚕中分离出这种细菌，当时将其命名为猝倒杆菌。到 1911 年，德国学者伯莉纳（Berliner）从德国苏云金地区一家面粉厂的地中海粉斑螟病虫中，也获得了这种细菌，并于 1915 年定名为苏云金芽孢杆菌（Bacillus thuringiensis）。从此，这类细菌就被称为苏云金芽孢杆菌。

苏云金杆菌与芽孢杆菌中的其他几个兄弟长得很相似，如蜡状芽孢杆菌、炭疽芽孢杆菌以及蕈状芽孢杆菌等有着许多相同或相近的特性，长期以来，苏云金芽孢杆菌与几位孪生兄弟的分类地位就一直有着激烈的争论，众说纷纭，莫衷一是，直到 1957 年的《伯杰细菌鉴定手册》才将苏云金芽孢杆菌定为一个独立的种，收编入册，使它真正有了自己的名字。它的重要特点是含有伴孢晶体，而且对昆虫有致病性。到1974年，《伯杰细菌鉴定手册》将苏云金芽孢杆菌又派生出几个孪生兄弟，称之为亚种。

苏云金杆菌虽然个体微小，要借助显微镜才能观察到，但它的形态不是单一的，而是在不同的生长阶段显示不同的形态。它主要分为三个生长阶段，第一阶段是营养体阶段，这时身体为杆状，宽度为1～1.8微米，长度为3～5微米，杆菌两端为钝圆形，有的周身长满鞭状长毛，能在液体培养基或水中运动，有的则没有鞭毛；有的为单体，有的是两个连在一起，有的4个连在一起，有的是8个连在一起，还有的连成很长的长链。

第二阶段是芽孢体阶段，此阶段菌体内一端形成芽孢，就像一个袋子的一端发了芽，另一端形成伴孢晶体，外形无变化。

第三阶段为伴孢晶体、芽孢脱落阶段，此阶段芽孢体破裂，装东西的“袋子”破了，晶体、芽孢游离出来。这些伴孢晶体呈现不同的形态，变化多端，多数为菱形，有的为方形、球形、多边形、三角形、镶嵌形成不规则形等，同一菌株可能形成多种形态的伴孢晶体，伴孢晶体由杀虫晶体蛋白组成，它们可以占到细胞干重的25%～30%。芽孢呈卵圆形，宽度为0.8～0.9微米，长度为2～4微米。为了观察它的真实长相，常用方法是，将制好的样本经过一种叫做石炭酸复红的化学试剂简单染色，然后用光学显微镜进行油镜观察，这些微生物原形毕露，此时，伴孢晶体或营养体呈红色，芽孢不着色，但能显出卵圆形的轮廓，形状像鹅蛋，胖墩墩的。

相比之下，苏云金芽孢杆菌菌落特征的观察要简便得多。当然，首先我们要明确什么是菌落，所谓菌落是指在固体培养基表面，由单个菌体增殖汇聚成大兵团。单个菌体为一滴水，汇聚成菌落就像一个湖，也像人一多就能组成一个大的阵容一样，所以菌落是可以用肉眼观察到的。苏云金芽孢杆菌的菌落特征在不同培养基上存在着差异，这就像“八阵图”，在不同的环境中，摆布不同的阵容，在牛肉膏蛋白胨琼脂培养基上，菌落呈圆盘状，有的边缘较整齐，有的呈毛状、锯齿状。培养1天左右表面呈湿蜡状，灰白色，无光泽；培养3天以上呈干蜡状，乳白色，有光泽，有的表面有皱纹。在其他培养基上又会出现其他形状的菌落。

苏云金芽孢杆菌的分布非常广泛。它作为一种昆虫病原菌，也算是一个大家族，可以从世界各地采集的多种病死昆虫、不同的土壤、贮藏物仓库尘埃、残渣、污泥、植被等昆虫接触物中分离到。据调查，苏云金芽孢杆菌在全球有着广泛的分布，其中，在亚洲的分布是最丰富的。而在亚洲，我国又是最丰富的国家。我国的研究者已从我国采集病死昆虫及土壤样本中分离到2000多株。在全球范围内所获得的苏云金芽孢杆菌菌株已超过4000株，并划分为71个血清型，87个亚型；杀虫晶体蛋白基因划分为68大类，530亚类。如此丰富的苏云金芽孢杆菌资源，真是害虫的克星，人类的福音，只是有待于我们去开发。

世界上的第一个苏云金芽孢杆菌商品制剂是1938年在法国问世的，我国的第一个苏云金杆菌商品制剂则是1965年在武汉投产的。目前，世界上已有的苏云金芽孢杆菌商品制剂120多种，产量和品种还在逐年增加。在生物农药的销售上，苏云金芽孢杆菌的销售额占了90%左右，成为唯一能与化学、农药进行竞争的生物农药。

苏云金芽孢杆菌制剂的生产方式就像工业化做米酒一样，主要是采用液体深层发酵，这种发酵是在一种特制的发酵罐中进行，并伴随着通气和搅拌。这种方式又被称为“洋法”生产，其特点是：发酵周期短、发酵条件容易控制、产量大等。不过，这种生产方式的投资较大。此外，还有一种半固体发酵的生产方式，这种生产方式有点类似于我国传统的“制曲”技术，又被称为“土法”生产。其特点是：生产设备少、工艺简单、投资少、见效快，不足之处是产量较低，发酵条件有时不易控制。

长期以来，用于苏云金芽孢杆菌制剂生产的菌株，都是采用从自然界分离筛选的高毒力天然菌株。不过，近些年来，在生物工程高科技的发展中，已经利用基因工程技术，人工构建了工程杀虫菌，并将这些人造菌株用于杀虫制剂的生产。这类杀虫制剂具有毒力强、杀虫范围广及残效期长、成本低又具安全性等特点。

随着研究工作的不断深入，苏云金芽孢杆菌已成为一种新型杀虫武器。其杀虫范围正在迅速扩大。到目前为止，发现苏云金芽孢杆菌的杀虫范围已覆盖无脊椎动物中的4个门，即节肢动物门、线形动物门、原生动物门和扇形动物门。在节肢动物门中，包括有鳞翅目、双翅目、鞘翅目等9个目中的600多种有害生物。有趣的是，随着研究的深入，研究者们还发现了对癌细胞有特异毒杀作用，而对正常的细胞无毒杀作用的苏云金芽孢杆菌菌株。

面对众多农作物害虫防治对象，苏云金芽孢杆菌大有用武之地。那么，苏云金杆菌又是如何发挥它的威力；引起害虫疾病、使害虫致死的呢？研究发现，苏云金杆菌对敏感害虫的感染，主要是由于苏云金杆菌的伴孢晶体对害虫的胃毒作用引起的。当这些害虫连同食物一起吞食伴孢晶体后，伴孢晶体会被中肠碱性肠液溶解，再经蛋白酶作用后成为有活性的蛋白质毒素，这种毒素可以与中肠上皮细胞的特殊的部位结合，随后在细胞膜上形成孔洞，引起害虫肠道发生溃烂，最后导致害虫停止进食而死亡。有些害虫同时蚕食伴孢晶体和芽孢后，尽管芽孢在pH 9以上的消化液中不能萌发，但是，由于晶体毒素造成的肠管损伤会引起微酸性体液，从而使pH值降低，使芽孢能够发芽增殖。这些增殖的营养体从肠管损伤部位侵入血腔，并进一步增殖，引起昆虫败血症及全身瘫痪而死亡。

此外，有些苏云金芽孢杆菌的菌株，还能产生其他生物活性物质，如苏云金素、双效菌素、几丁质酶、营养期杀虫蛋白、肠青素等。这些生物活性物质，有的能独立发挥杀虫作用，有的能协助、加速或增强晶体蛋白的杀虫作用。

目前，苏云金杆菌已广泛地用于防治农业、林业、果树、贮藏物及卫生害虫，防治效果非常好，已获得显著的经济效益、社会效益和生态效益。除了应用苏云金芽孢杆菌制剂防治害虫外，经遗传改良，构建的防效高、成本低、又具安全性的实用型的生物工程杀虫制剂也开始被用于防治害虫。此外，利用基因工程技术，将苏云金杆菌杀虫晶体蛋白基因导入植物，获得了一些防虫的转基因植物，如烟草、番茄、玉米、土豆、棉花、水稻及白云杉等。其中，防虫的转基因烟草、番茄、棉花及水稻等已进行大面积应用，并获得了显著的防虫效果。我国在防虫转基因棉花及水稻等作物的研究开发中，取得了显著成效。转杀虫基因的棉花新品种已于1999年进行商业化生产，2009年种植面积达到380多万公顷，占我国棉花种植面积的70%，从而使我国成为独立自主研制成功抗虫棉的第二个国家。我国转杀虫基因水稻所获得的新品种，可使水稻单产增加8%左右，农药施用量减少80%以上，2009年，这种新品种获得了农业部颁发的转基因生物生产应用安全证书，并被国际农业生物技术应用服务组织誉为“一项里程碑式的决策”。

7. 抗虫棉的诞生

多年来只听说有棉花抗病品种，还没听说过抗虫的棉花品种。为什么要选育抗虫棉呢？众所周知，棉花是我国的主要经济作物，近年来，由于气候条件和生态条件的变化，害虫抗药性的增强，对菊酯类农药的抗药性比20世纪80年代初增强数十倍。虽然棉花用药量增加，喷药次数增多，棉铃虫、棉红铃虫由于适应了生存环境，仍大面积暴发成灾。根据20世纪90年代初期统计，我国每年因棉蚜、棉铃虫、棉红铃虫和红蜘蛛几种主要害虫，造成的产量损失为15%～20%，为60万～80万吨皮棉。化学农药防治害虫不仅药效低，耗资大，而且污染环境，破坏生态平衡。因此，培育和种植抗虫棉是控制棉花害虫最为经济、有效的途径。

抗虫棉有哪些类型呢？根据棉花抗虫性机制的不同，抗虫棉主要可分为两种类型，即形态抗性和生理生化抗性。前者是指棉花具有某些特异的形态结构，如棉叶无蜜腺、茎叶多茸毛、光滑茎叶、鸡脚叶等，总之，棉株含有怪味，对不上害虫胃口，这些特异性对害虫的取食、消化、产卵等活动产生干扰作用；后者是指棉株体内

图 21　气候条件和生态条件的变化使棉花害虫的抗药性增强

含有某些特异的代谢产物，如棉酚（又称棉毒素）、单宁、类黄酮等有毒成分对害虫的行为、营养、代谢、生长及生殖产生抑制作用。就像孕妇吃了某种过量的抗生素（如四环素），不仅对本身肌体有影响，而且会危害胎儿的健康一样。

20 世纪 80 年代，我国培育有川棉 169-6，棉株多毛，棉蚜遇到它就像碰到了刺猬一样，因此，对棉蚜有良好的抗性；中棉所 4717 无蜜腺、茎叶光滑无毛，棉铃虫在叶子上只好“望梅止渴”，这种棉叶抗棉铃虫。这些品种都属于形态抗性。国外引进品种 BP-S-10 因铃壳、种壳和种仁中均含有较多的类黄酮有毒物质，其抗红铃虫的效果很好；7518 系（华农从远缘杂种后代中选出）抗红铃虫和棉蚜，其棉株中含单宁成分较高；冀 83（10）-1 抗棉蚜、棉铃虫，其棉株中棉酚含量较高。这 3 个抗虫棉都属于生理生化抗性类型。还有型抗虫品种，既具有形态抗性又具有生理生化抗性，如中棉所 21 叶片厚高含棉酚和单宁，抗棉蚜和棉铃虫；华棉 101

茎叶光滑，高棉酚，高单宁，抗红铃虫、棉铃虫和棉蚜。这些品种抗性的改造，使棉花由过去曾是这些害虫的美味佳肴变成有毒的食品。

随着生物技术的发展，世界各主要产棉国纷纷探讨应用生物工程的方法将外源抗虫基因导入棉花，培育转基因抗虫棉新品种。我国从20世纪80年代末开始探讨应用生物工程方法，培育转基因抗虫棉品种（系）。那么，什么是转基因抗虫棉呢？这要从苏云金芽孢杆菌说起。苏云金芽孢杆菌（简称Bt）是一种能产生杀虫毒素的土壤杆菌，这种细菌可以防治农田、果园和森林中鳞翅目害虫（如危害棉花的玉米螟、棉铃虫和红铃虫等）的生物杀虫剂，已使用了近20年。如将苏云金芽孢杆菌的毒素蛋白基因采用一种花粉管通道技术导入棉花中，就可获得转Bt基因抗虫棉。近年来，对转Bt基因棉花的最新研究结果表明，对棉铃虫有显著的抗虫效果。棉铃虫3龄幼虫，取食抗虫棉2天后，就慢性中毒，不仅吃不下，排不出，而且身体长不大，幼虫长度，体重增加率分别比对照也显著减少。4天后体长和体重增长率分别比对照减少。转Bt基因棉嫩叶对玉米螟和棉铃虫的抗性极强，幼虫致死率达100%。

另外利用一些蛋白酶抑制基因，也可获得抗虫植株。如英国已合成了豇豆的胰蛋白酶抑制剂（CPTI）基因，将该基因转入植株，所产生的抑制剂，能破坏虫体内胰蛋白酶活性。转基因植株被虫食后，便因消化不良而死亡。美国孟山都公司已将该基因导入棉花，获得了具有抗虫效果的棉花植株。最近中国农业科学院生物技术研究中心，将改造后的豇豆胰蛋白酶抑制剂（CPTI）基因和人工合成的Bt基因同时导入植物。预计这种具有转双抗虫基因植株比转单基因（Bt基因或胰蛋的酶抑制剂基因）的抗虫效果更好。

我国现有转基因工作，已将Bt基因分别导入中棉12号、泗棉3号及晋棉7号等一大批棉花品种中，获得了转基因抗虫棉。江苏农科院经作所培育出转基因抗虫棉“国抗95-1”。中国农科院棉花研究所采用常规育种和生物技术相结合的方法，将外源抗虫基因转入丰产、优质、抗病的棉花品种，获得了“中棉所29”等一系列转基因棉花品种（系），一般抗虫都表现较好，但丰产性方面有一定差异。

根据多年多点的种植结果，转 Bt 基因棉在抗虫性和丰产性方面，有很突出的特性：第一，抗棉铃虫效果突出，但不抗棉蚜和棉红蜘蛛。一般情况下，可减少对棉铃虫防治用药的 60% ~ 80%。第二，抗虫性较好的品种（系），一般丰产性较差一些；而产量超过对照（大面积栽培的棉花品种）或与对照相当的，抗虫性就较差。第三，抗虫棉在棉花生育的中前期抗虫性强，随着植株增大，气候变化等因素，后期抗虫性逐步减弱。第四，抗虫棉的形态特点是株型偏紧凑，叶片较小、皱褶明显，叶色较深、长势较弱，棉铃较小但结铃性较强。因此，丰产潜力不太大。第五，现有的抗虫棉品种（系）遗传性还不十分稳定，存在有不同程度的分离现象。因此，在种植抗虫棉的田块中，应注意拔除不具抗虫棉形态和受棉铃虫危害的非典型植株，以保持抗虫品种（系）的纯度。

根据多年试验示范和推广，要种好抗虫棉应注意以下几个问题：

第一，适时早播，采用地膜覆盖或营养钵育苗，适当增加密度，以便在间苗或定苗时拔除分离株。

第二，抗虫棉具有苗期生长发育缓慢的特性，前期需加强水、肥管理，以促为主，现蕾期前保证壮苗早发，注意重施花铃肥，中后期要根据苗情适当进行化学控制，对长势一般的棉田，应适当补施叶面肥，防止后期早衰。

第三，因抗虫棉对棉铃虫等鳞翅目以外的害虫（如蚜虫、红蜘蛛、盲蝽象等），没有抗性作用。因此，必须根据害虫发生的危害实情，进行辅助性的化学防治。

第四，抗虫棉不是无虫棉，也不是不用打药，而应根据棉铃虫发生的实际情况，减少用药次数和用量。仍需用化学农药防治。其化防指标，一般二代棉铃虫百株 3 龄以上 10 头，2 龄超过 15 ~ 20 头，就应进行化学防治。在防治期间应加强虫情测报工作，不宜过量用药，充分发挥抗虫棉的作用。

目前我国棉花抗虫性利用研究进展较快，已显示出较为显著的经济、社会和生态效益，目前全国种植面积已达380多万公顷，占我国棉田面积一半以上，但必须认识到，种植抗虫棉是害虫治理系统中的关键技术之一，而不是全部。因此，应将抗虫棉纳入害虫综合治理系统，配合运用其他农业、生物、物理及化学的方法，将农作物害虫的种群数量，长期稳定地控制在经济允许的损失水平之下。

8. 棉花高产病魔挡路怎么办？

棉花是我国重要的经济作物，从国防科学到广大人民群众穿衣

图22 棉花是我国重要的经济作物

服等都涉及，需要有高产稳产措施。然而，棉花枯萎病和黄萎病是我国发展棉花生产的重大障碍，常年因病损失皮棉为7.5万~12万吨。由于棉花种子的大调大运，检疫力度不够，两种病害正迅速蔓延。这两种病是顽固性的慢性病，就像乙型肝炎，传染容易，根除难。根据1982年的普查结果，在调查的474万公顷棉田中，病田面积为148.2万公顷，占31.26%。截至20世纪80年代末，棉花枯、黄萎病分布已遍及我国18个主要产棉省（市、自治区）。1993年是棉花黄萎病大发生的一年，尤其是北方棉区暴发成灾的程度更严重。我省天门市4.13万公顷棉田，发病面积达2.66万公顷，其中重病田占20%。当年全国黄萎病发病面积为万亩266.67万公顷，损失皮棉达1亿千克左右。

怎样识别枯、黄萎病呢？首先要了解，枯、黄萎病菌能在棉花生长整个期间侵染危害。在自然条件下，枯萎病得病早，一般在播种后一个月左右的幼苗期出现病株；而黄萎病发病时间晚一些，症状主要在花蕾期，苗期很少表现症状。由于受棉花的生育期、品种抗病性、病原菌致病力及环境条件的影响，两种病害像变色龙一样呈现多种症状类型，现将各类型症状描述如下。

一是幼苗期的症状。枯萎病在棉苗子叶期即可发病，现蕾期出现第一次发病高峰，造成大片死苗。苗期症状复杂多样，大致可以归纳为4个类型。第一类为黄色网纹型，表现子叶或真叶叶脉褪绿变黄，叶肉仍保持绿色，群众称为“太阳花”，因而叶片局部或全部呈黄色网纹状，最后叶片萎蔫而脱落。第二类为黄化型、子叶或真叶变黄，有时叶片边缘呈局部枯死斑。第三类为紫红型，子叶或真叶变紫红色或出现紫红斑，叶脉也多呈紫红色，叶片逐渐萎蔫枯死。第四类为青枯型，子叶或真叶突然失水，色稍变深绿，叶片萎垂，猝倒死亡，有时全株青枯，有时半边萎蔫。以上各种类型，随环境改变而有不同。一般在适宜条件下，气温在28℃左右，多数为黄色网纹型；在大田气温较低时，多数病苗表现紫红型或黄化型；在气候急剧变化时，如雨后迅速转晴，则较多发生青枯型。

在自然条件下，棉花苗期通常不表现黄萎病症状。在特殊年份，症状表现为病叶边缘开始褪绿发软，呈失水状、叶脉间出现不规则淡黄色病斑，病斑逐渐扩大，变褐色干枯，维管束明显变色。

二是棉花枯萎病和黄萎病这对“孪生兄弟”在成株期的症状比较（见表6）。

表6　**棉花枯萎病和黄萎病症状比较**

	枯萎病	黄萎病
株型	植株茎枝节间缩短弯曲，顶端有时枯死，导致株型矮化、丛生	一般植株不矮缩，顶端不枯死，后期可整株凋枯
枝条	有半边枯萎半边无病症的现象	植株下部有时发出新的枝叶
叶片	顶端叶片先显病状，下部叶片有时反而呈健态	下部叶片先显病状，逐渐向上发展
叶脉	叶脉常变黄呈现明显的黄色网纹	叶脉保持绿色，脉间叶肉及叶缘变黄，多呈斑块
叶形	常变小增厚，有时发生皱缩，呈深绿色、叶向下卷曲	大小、形状较正常，唯叶缘稍向上卷曲

在枯、黄萎病同时收生地块，两病可以危害同一株棉花，叫做同株混生型，有的是以枯萎病症状为主，有的是以黄萎病症状为主，使症状表现更为复杂。调查时需注意加以区分。调查诊断枯、黄萎病时，除了观察病株外部症状外，必要时应剖开茎秆，检查维管束变化情况。就是棉秆中间的“心”，如果是一棵树，老百姓叫树心。健康的棉秆心（维管束）通常是白色，得了枯黄萎病，“心”就坏了，变了颜色，感病严重的棉株，从茎秆到枝条甚至叶柄，内部维管束全部变色。枯萎病株茎秆内维管束变成褐色或黑褐色，黄萎病的维管束变成淡褐色。检查维管束是否变色，这是田间识别枯、黄萎病的可靠方法。

枯萎病和黄萎病是如何发生的呢？罪魁祸首是两种病原真菌。在我国引起棉花枯萎病的病原菌主要为尖孢镰刀菌，导致棉花黄萎病的病原菌为大丽轮枝菌。

枯萎病菌见缝就钻，特别喜欢从棉株根部伤口（包括虫伤、机械伤等）侵入，也可从嫩根的根尖或下胚轴钻进去。病菌通过根的皮层进入导管，菌丝先在基部导管中安营扎寨，居住下来后，就繁衍生息，“生儿育女”，长出分生孢子，分生孢子再随导管中的液流上升，扩大地盘最后分布到整个棉株，尤其是叶柄和叶脉带菌量最大。在自然情况下，从侵入到病株表现症状一般为一个月左右。

病菌虽在棉株整个生长期都能侵入，但以现蕾期以前为最佳时期，侵入后逐步表现症状，现蕾后就不易侵入了。由于病菌的侵染危害，叶片叶绿素减少，叶脉淀粉消失而变黄。叶片萎蔫的原因，一般认为是病株导管因菌丝体与小孢子的大量繁殖，特别是病菌分泌的甲基酶分解了导管内壁的果胶质所产生的一些物质，堵塞导管，致使水分和养料输导发生困难，导致叶片萎蔫。就像打仗时，切断了军队供应粮草的来源，士兵只有饿死，不战自乱。棉株感病后导管变成褐色的原因，是由于果胶物质被破坏，能使酚化物分离出来，为真菌和寄生的多酚氧化酶所氧化，而使导管变褐色。

黄萎病和枯萎病一样，进攻棉株的方式如出一辙，也是典型的系统性维管束病害。因此，两病的发生过程基本类似。但在自然条件下，黄萎病要在现蕾期后外部才表现症状。黄萎病致病的原因，过去认为和枯萎病一样是由于导管堵塞所致，现在认为主要是病菌分泌毒素（轮枝菌素）引起的。轮枝菌素是一种强氧化物。可严重破坏植物代谢作用，不能保证蛋白质和碳水化合物的正常供给，因而造成叶片变色，组织坏死，甚至全株萎蔫枯死。

病菌的传播有多条途径。枯、黄萎病菌好比种子，带到哪里就在哪里安家落户，落地生根，成为永久性居民。除首次通过播种传播外，主要是病田土壤传播。其次，使用冷榨法榨油的棉籽饼、病株残体、其他寄主植物和它们的病残体以及混有带病棉株及其他寄主植物病残体的堆肥和粪肥等，都是造成病区逐渐扩大和病情逐渐加重的重要原因。在田间两病还可借流水、灌溉水、农机具和耕作活动而传播蔓延。

枯、黄萎病的发病条件，主要有以下几个方面。第一，耕作栽培的影响，病地多年连作棉花，可使病菌在土壤内建立牢固的根据地，子子孙孙繁殖下去，病菌不断积累，棉花发病逐年加重。棉田地势低洼，排水不良，地下水位高及大水漫灌，造成土壤湿度大，温度低，不利于棉花生长发育，亦可加重危害。第二，棉株生育期的影响，两病的发生和病情的消长，与棉株生育期都有一定关系，我国各地枯萎病都是在现蕾期出现发病高峰，以后逐渐减弱。而黄萎病多数是在现蕾期以后开始发病，到花铃期大量发生。第三，温、湿度的影响，一般土温达20℃时，枯萎病开始发生，25℃～30℃时为最适温，形成发病高峰，越过33℃～35℃以上时，病情停止发展，症状也逐渐消失，就像乙型肝炎稳定期的患者，从外表上看没有什么身体不适的症状，其实是一个乙肝病菌携带者。黄萎病和枯萎病的发病温度相差不大。一般多雨年份，土壤湿度大，有利于病害的发生。另外，土壤的营养缺乏或失调，以及土壤中线虫危害，造成棉株根部伤口，都是促成棉花感病的诱因。

综合防治枯、黄萎病措施是：根据两病危险性大、蔓延迅速及发病重的特点，在防治上应采取当前与长远结合，从实际出发，运用综合防治措施，达到控害减灾的目的。

推广种植抗病品种是解决枯、黄萎病危害的根本措施：1990年我国抗病品种种植面积达236万公顷，约占全国棉田的44.1%。感病棉田基本上普及了抗病品种，明显地控制了枯萎病的危害，减轻了黄萎病的损失，这是我国棉花枯、黄萎病综合防治工作的一个重要突破。20世纪80年代最突出的是抗枯萎耐黄萎、丰产、优质、适应性广的中棉12，在全国推广面积达2000万亩（133.3万公顷）。20世纪80年代末90年代初湖北省培育的鄂抗棉1～3号，对枯萎病都具有良好的抗性。其中鄂抗棉3号“抗枯耐黄”、丰产、优质，当时是湖北省感病棉田的主要栽培品种。今后育种工作者要加强双抗（枯、黄萎病）新品种的选育，以适应枯、黄萎病混生田块日益扩大的需要。

实行水、旱轮作防病效果也不错。这两种病菌虽然顽固，但它们像《水浒传》中的李逵，是个“旱鸭子”，在旱地上可以逞威风，到水中就甘拜下风。鉴于此，重病田采用棉花与水稻轮作，轮种 3 年水稻再种棉花，防病效果可达 99.7% ~100%。种棉时必须使用无病棉种或经药剂处理的棉种，施用无病菌肥，以确保轮作防病效果。

除上述措施外，要严格执行植物检疫制度，加强产地检疫措施，杜绝病害传播途径，严禁从病区调种，保护无病或轻病棉田；病田收获的棉籽不要留作种用，严禁从病区调运棉种。切忌病区未经热榨油的棉饼作肥料施入棉田。

在化学药剂防治方面，播种前种子用 40% 多菌灵胶悬剂（有效成分 0.3%），在常温下冷浸棉籽 14 小时，或以多菌灵胶悬剂（有效成分 0.5%）拌棉籽，密闭贮藏半个月以上再播种，均能做到减少种子带菌量，保护棉苗少受病菌侵染。近年我国已大面积推广包衣种子播种，这种包衣种子就像穿了“防弹衣”，可以预防土壤中病菌的侵袭。对减轻棉花苗期病害有良好效果。

此外，还要加强棉田管理，注意病株残体的处理，清沟排渍，降低棉田湿度，改善田间生态环境，适当增施钾肥，促进棉花健壮生长，增强其抗病能力，减轻危害。

9.“富贵”稻曲病

每年到了稻子快要成熟的时候，在土地肥沃、长势好的稻田里，细心的农民总会在稻穗的中下部，看到谷粒被墨绿色或黄色粉状物包裹成一个个的不规则“粉团”，有的一个稻穗上有四五个粉团，有的“粉团”已经裂开，散出墨绿色粉末，这些水稻就患上了稻曲病。稻曲病是水稻穗期病害，多发生在水稻收成好的年份，所以农民误认为是丰年征兆，故有“丰收果”的俗称。它又被称为伪黑穗病、绿黑穗病、谷花病、青粉病、黑球病等。

稻曲病在世界大多数稻区都有发生，中国早有记载。近年来，稻曲病在中国各地稻区普遍发生，且逐年加重，已成为水稻主要病害之一。水稻稻曲病仅在水稻开花以后至乳熟期的穗部发生，且主要分布在稻穗的中下部。稻曲病使稻谷千粒重降低、产量下降、秕谷、碎米增加、出米率、品质降低。此病菌含有人、畜、禽有毒物质及致病色素，对人可造成直接和间接的伤害。

主要表现

水稻稻曲病是水稻生长后期在穗部发生的一种病害，该病病菌为害穗上部谷粒，轻则一穗中出现1~5病粒，重则多达数十粒，病穗率可高达10%以上。

病粒比正常谷粒大3~4倍，整个病粒被菌丝块包围，颜色初呈橙黄，后转墨绿；表面初呈平滑，后显粗糙龟裂，其上布满黑粉状物，此即为病菌厚垣孢子。

鉴别

稻曲病粒与稻粒黑粉病不同之处在于：前者整个谷粒失去原形，为病菌所包围、取代；后者基本保持正常谷粒状，仅颖壳合缝处生黑色舌状物，颖壳内充满黑粉（即病菌冬孢子堆）。

发病因素

气候条件　气候条件是影响稻曲病菌发育和侵染的重要因素。稻曲病菌在温度为24℃~32℃均能发育，以26℃~28℃最为适宜，34℃以上不能生长。同时，稻曲病菌的子囊孢子和分生孢子均借风雨侵入花器，因此影响稻曲病菌发育和侵染的气候因素以降雨为主。在水稻抽穗花期雨日、雨量偏多，田间湿度大，日照少一般发病较重。

品种　一般晚熟品种比早熟品种发病重；秆矮、穗大、叶片较宽而角度小，耐肥抗倒伏和适宜密植的品种，有利于稻曲病的发生。此外，颖壳表面粗糙无茸毛的品种发病重。

栽培管理 栽培管理粗放，密度过大，灌水过深，排水不良，尤其在水稻颖花分泌期至始穗期，稻株生长茂盛，若氮肥施用过多，造成水稻贪青晚熟，剑叶含氮量偏多，会加重病性的发展，病穗病粒亦相应增多。

病原菌基数 与病原菌基数也有一定关系。上一年发病重的地块，有可能发生的就重。种子带菌多的、发病有可能重。

防治方法

①选用抗病品种：水稻不同品种对稻曲病的抗性不同，根据各地的情况选择种植抗性强的品种。

②种子消毒：稻曲病可通过种子传播，应尽量不用已染病的稻种。浸种时用500倍强氯精液浸种消毒10～12小时，或播种前每100kg种子用15%粉锈宁可湿性粉剂300～400克拌种。

③加强田间水肥管理，促生长健壮。水稻生长期间应合理施肥，增施磷、钾肥，促生长稳健，增强抗性；尤其要慎重施用氮肥，避免氮肥施用过量、过迟，以免贪青晚熟，招致病害。推广薄露灌溉技术，孕穗后期注意田间水管，勿大水漫灌、长期淹水，宜浅水勤灌，以免田间湿度过大，有利于病菌孢子的萌发与入侵。

④药剂防治，掌握在孕穗末期用药。

第一，在破口前5～7天亩用30%爱苗乳油15毫升+奇茵植物基因活化剂20克兑水60斤喷雾。破口抽穗1/3～1/2时再喷一次。

第二，破口前5～7天亩用25%富力库（有效成分为25%戊唑醇）25毫升+奇茵植物基因活化剂20克兑水60斤喷雾。破口抽穗1/3～1/2时再喷一次。

第三，破口前5～7天亩用5%井冈霉素水剂500毫升兑水60斤喷雾。破口抽穗1/3～1/2时再喷一次。

第四，破口前5～7天亩用20%三唑酮乳油100毫升或25%粉锈宁（三唑酮）可湿性粉剂100克+40%多菌灵悬浮剂100毫升或50%多菌灵可湿性粉剂100克兑水60斤喷雾。破口抽穗1/3～1/2

时再喷一次。

10. 南来北往的稻纵卷叶螟

在水稻生产中，除了稻飞虱是迁飞性的害虫以外，稻纵卷叶螟是水稻上的另一个重要的迁飞性害虫，这两个害虫被广大植保工作者和农民朋友合称为“两迁”害虫。稻纵卷叶螟，顾名思义，就是能把稻叶纵向卷起来的螟虫。在稻纵卷叶螟虫害严重的年份，在水稻抽穗至成熟期，漫步在水稻田间，放眼望去，白叶满田，这是稻叶因稻纵卷叶螟在里面取食而纵向卷起成苞，叶尖变枯发白而形成的。稻纵卷叶螟以低龄幼虫为害叶片，从而影响水稻光合作用，造成水稻减产，幼虫为害时，留下表皮最终形成成条“刮白”叶片的危害状，所以稻纵卷叶螟又名刮青虫、白叶青。稻纵卷叶螟一般可造成水稻产量损失 10% ~20%，严重的可超过 50%，所以掌握该虫发生规律，认清为害状，科学防控，是农民朋友在水稻生产中很重要的工作。

图 23　稻纵卷叶螟

形态特征

成虫 身体长约为1厘米，体黄褐色。前翅有两条褐色横线，两线间有一条短线，外缘有一暗褐色宽带。

卵 卵一般单产于叶片背面，粒小。

幼虫 一般稻田间出现大量蛾子约1周后便可见幼虫，刚孵化出的幼虫很小，肉眼不易看见。低龄幼虫体淡黄绿色，高龄幼虫体深绿色至橘红色。

蛹 体长7~10毫米，圆筒形，初淡黄色，渐变黄褐色，后转红棕色，外常包有白色薄茧。

为害状

在水稻分囊期至抽穗期都会遭受稻纵卷叶螟为害，即幼虫啃食稻叶片叶肉（仅留下表皮）。低龄幼虫常在新展出的嫩叶尖（上部）结成小虫苞或称束叶苞（叶苞下端可见丝状相连），苞中90%以上有活虫。幼虫食叶留下表皮，远见白色。一头幼虫一生可食叶5~10片。幼虫通常有5个龄期，1~3龄幼虫食叶量仅为10%，高龄幼虫取食量大。

发生规律

稻纵卷叶螟是一种迁飞性害虫，在北纬30度以北稻区不能越冬。因此，我国长江中、下游及以北的广大稻区每年初始虫源均是自南方稻区迁来的。全国稻区自北而南一年发生1~11代不等。主要为害迟熟早稻、单季中稻、双季晚稻。

影响发生的条件

气候条件 稻纵卷叶螟是随季节性气流往北（夏季）往南（秋季）迁飞的害虫。冬季气温偏高，越冬地界北移，来年发生早；夏季多台风，随气流迁飞机会增多，发生加重，尤其对长江流域稻区和江淮稻区影响大。

栽培条件 稻纵卷叶螟喜生长嫩绿、湿度大的稻田。多施氮肥、迟施氮肥的稻田发生量大，为害重。水稻叶片窄、生长挺立（田间通风透光好）、叶面多毛的品种不利于稻纵卷叶螟发生。水稻叶片宽、生长披垂（田间通风透光差）、叶面少毛的品种有利于稻纵卷叶螟发生。

防治技术

防治稻纵卷叶螟以保护水稻三片功能叶为重点，按照防治指标，适时开展化学防治，同时注重选用抗（耐）虫品种、肥水管理和保护天敌。

农业防治 选用抗（耐）虫品种、加强肥水管理（基肥足、追肥稳、后期不贪青）的方法，调控水稻生长。

生物防治 稻纵卷叶螟天敌有绒茧蜂、蜘蛛、青蛙、蜻蜓、隐翅虫等。尽量减少使用对天敌杀伤力大的农药，发挥天敌的自然控制作用。水稻分蘖期，防治稻纵卷叶螟尽量选用 Bt 制剂或 Bt 复配剂或其他生物制剂，以保护天敌。

化学防治 防治适期为卵孵化至 1～2 龄幼虫高峰期。

防治指标为百丛卵量超过 150 粒或分蘖期 25 丛超过 15 个新虫苞、孕穗期 25 丛超过 10 个新虫苞时，立即进行防治。如少于 15 个新虫苞则暂时不需要防治，但需要每隔 1 天调查一次，以观测其发生情况。

防治药剂 （每亩）可选用 90% 杀虫单可溶性粉剂 50 克；18% 杀虫双水剂 300 毫升；40% 毒死蜱乳油 60～70 毫升。以上药剂任选一种，加水 50 千克喷雾。

注意事项

①防治适期一定要掌握在新出稻叶片出现新虫苞时，这是防治

稻纵卷叶螟的最好时期。如果稻纵卷叶螟成虫量大（25 丛可见 5~10 只蛾子），防治适期就要提前到始见蛾后 1 周（大约是卵开始孵化期）。

②防治稻纵卷叶螟时，田间保水 3~5 厘米 3~5 天，以保证防治效果。

11. 落地成灾的稻飞虱

稻飞虱是我国水稻上的重大迁飞性害虫，近年来在我国连续大暴发，给我国的水稻生产造成了惨重损失。稻飞虱是随风而飞的，形象地说，稻飞虱的生活习性有点像生活中常见的候鸟小燕子，每年春夏，它乘着西南气流由南向北长距离迁飞，随暴雨降落集中为害；到了秋天，它又随着东风气流南下，回迁到南方越冬。这样的迁飞路线，使得稻飞虱能够到一站，吃一站，如果不及时防治，就容易暴发成灾。所以稻飞虱发生为害具有隐藏性、暴发性和毁灭性的特点，它的发生、繁殖、迁飞和气象条件关系极为密切，也给防治带大了很大难度。

稻飞虱种类很多，但造成严重灾害的主要是褐飞虱和白背飞虱。早、中、晚稻都能受其为害，在适宜的环境条件下，繁殖迅速，造成严重灾害。一般为害损失达 10%~20%，严重为害损失达 40%~60%，甚至绝收。

褐飞虱

形态特征

成虫 成虫有长翅型和短翅型之分。长翅型成虫体长 3.6~4.8 毫米，暗褐色或淡褐色。短翅型成虫翅长不超过腹部，雌虫体肥大。

卵 褐飞虱将卵产在叶鞘和叶片组织内，长0.6～1毫米，常数粒至一二十粒排列成串。

若虫 若虫分5龄，初孵时淡黄白色，后变褐色。

为害状

主要为害期在水稻圆秆拔节期至乳熟末期，成虫和若虫群集在稻株下部，用刺吸式口器刺进稻株组织，吸食汁液。孕穗期受害，使叶片发黄，生长低矮，甚至不能抽穗。

乳熟期受害，稻谷千粒重减轻，瘪谷增加，严重时引起稻株下部变黑，瘫倒，叶片青枯；并加重纹枯病、菌核病发生。褐飞虱还能传播某些病毒病。

发生规律

褐飞虱是喜温型昆虫，仅在我国海南、台湾、广东、广西南部、福建和云南南部有少量成虫、若虫、卵在再生稻、落粒稻上越冬，北纬25度以北的广大稻区不能越冬。

褐飞虱长翅型成虫有随气流远距离迁飞的习性，在我国东半部3月下旬至5月由北纬19度以南的中南半岛等热带终年发生地往北迁出，主降在珠江流域、闽南等地，成为迁入地初发虫源，经繁殖后，产生的长翅型成虫逐渐北迁至长江流域、淮河流域等地；8月下旬至10月上旬，随南向气流逐渐从江淮及长江中下游稻区往南回迁。虫源迁入的迟早、迁入次数、迁入量的多少，与发生为害关系密切。

褐飞虱年发生代数地区间差异大，海南省南部全年可发生10～11代，广东、广西、福建南部发生8～9代，江苏、浙江、江西、湖南、福建、贵州等地发生5～7代，江淮地区常年发生3代。

褐飞虱一只雌成虫能产卵300～400粒，主害代卵一般7～13天孵化为若虫。

影响发生的因素

褐飞虱发生为害轻重，主要与迁入迟早、迁入量、气候条件、品种栽培技术和天敌因素有关。盛夏不热晚秋不凉、夏秋多雨有利其发生。

调查方法

采取五点取样，每点查5丛，共25丛，调查记数每丛成虫、虫数，折合每百丛成、若虫密度达到防治指标的田块，定为防治对象田。

防治技术

第一，农业防治。

①推广抗、耐虫高产优质品种。

②健身栽培：氮、磷、钾肥合理施用，重施基肥、早施追肥，实行科学的水浆管理，防止禾苗贪青徒长。

③保护利用天敌：稻田蜘蛛、黑肩绿盲蝽等自然天敌，能有效控制褐飞虱的种群数量。

第二，化学防治。

科学用药：稻田前期尽量少用杀虫剂，特别是三唑磷等杀虫剂。以保护穗期为重点，适当放宽防治指标，做到天敌等自然因子能控制的不用药防治，天敌不能控制为害时用药防治。坚持选用高效、低毒、低残留对口农药，推广使用吡虫啉、噻嗪酮（扑虱灵）类农药防治飞虱。

防治指标：穗期常规稻百丛1000～1500头，杂交稻百丛1500～2000头。

防治适期：抓准在低龄（一、二龄）若虫盛发期用药防前。

防治药剂与方法：每亩用10%吡虫啉（大功臣）可湿性粉剂

15~20克；或25%噻嗪酮（扑虱灵）可湿性粉剂每亩用50克，兑水40~50千克均匀喷雾。

注意事项

因稻飞虱多集中在稻丛基部为害，应注意尽量对准基部喷药；喷药时田间应保持一定水层。

白背飞虱

形态特征

成虫 白背飞虱长翅型成虫体长4~5毫米，体灰黄有黑褐斑，前胸背板黄白色，前翅半透明。短翅型雌成虫体长4毫米左右，体肥大，翅短，仅及腹部一半，其余与长翅型同。

卵 长约0.8毫米，长卵圆形，微弯，产于叶片组织内，一般7~8粒单行排列。

若虫 近橄榄形，初孵时乳白色有灰斑，三龄后淡灰褐色。

为害状

与褐飞虱相似。

发生规律

白背飞虱的生活习性与褐飞虱大体相似，成虫有趋光性、趋绿性和远距离迁飞特性。

白背飞虱安全越冬的地域、温度与褐飞虱大致相似，在北纬26℃以北地区不能越冬。迁飞规律与褐飞虱大致相同。

白背飞虱卵产在叶鞘组织内，一只雌成虫可产卵200~600粒。7~11天孵化为若虫，成虫寿命16~23天。其习性与褐飞虱相似。

五、养殖业多彩多姿

由于科学技术的飞速发展，人们不断按照人类的意愿用新技术培育出动物新的品种（品系），或者改进某些生产方式和方法来提高产量和质量，以满足人类生活水平不断提高的需要。

人们喜爱吃瘦肉，培育出了瘦肉型猪种，该猪种瘦肉率高（胴体瘦肉率在60%以上），生长快，半年出栏（达90千克）。为了充分合理地利用资源，使猪长得更快，根据猪的不同生长阶段、不同用途的营养需要，设计了配合饲料的多种配方。为了培育出人类更理想的动物，用转基因的方法，已获得转基因猪、牛、羊、兔和鱼等动物。用克隆方法（即无性繁殖方法）培育出了“克隆羊”，为了快速繁殖优良奶牛，可用借腹怀胎的方法，即通过胚胎移植，让一般奶牛或黄牛怀上良种奶牛的胚胎生出优良奶牛。为了降低成本，提高产量，用性别控制的方法，使奶牛生的雌牛犊多，产蛋鸡场孵出的雌鸡多以及全雄鱼（如莫桑比克罗非鱼，因雄鱼比雌鱼长得快）等来大大提高产量；将激素用于渔业生产，可促进鱼的生长繁殖或者是鱼的性反转，使成为全雄鱼或全雌鱼。利用温室养鳖，避免鳖的冬眠，就可大大提高鳖的产量。为了充分利农作物的副产品——秸秆，可将秸秆进行氨化处理后，作为牛羊的饲料，再将牛、羊粪用于肥田。这就是我国的“秸秆养畜，过腹还田”项目，已取得重大成果。珍珠是名贵中药材之一，又有美容作用，还是一种装饰品，珍珠可由人工经贝类培育出来，进行深加工后，可大大提高其经济价值。

上述科研成果，说明科技是第一生产力，科学技术正在把神话变成现实，前景无限美好。

为了给人类提供优质的肉、鱼、奶、蛋等食品，就不能在产肉动物（猪和牛、羊等）的饲料中添加瘦肉精（盐酸克伦特罗）；也不能在产蛋的家禽（鸡、鸭、鹅和鹌鹑等）的饲料中添加苏丹红，也不能在牛奶和奶粉中添加三聚氰胺。这都是非法的，危害人类健康的。应该为人类提供更多的绿色食品和有机食品。

1. 转基因猪问世，前景诱人

1982 年，美国《细胞》杂志的封面刊登了两只小白鼠的照片，其中的一只比另一只大一倍多。这是美国科学家 Palemiter 领导的实验室，将大白鼠的生长激素基因与小白鼠的金属疏蛋白基因启动子相连接，然后显微注入小白鼠的受精卵原核，得到生长加快一倍

图 24　基因工程改良动物生产性能有着巨大的潜力

的“巨型小鼠”。这个实验结果一公布，立即得到了科学家们的高度重视，因为它显示的基因工程改良动物生产性能的巨大潜力。很快，科学家们用类似的方法相继得到了基因工程猪、牛、羊、兔和鱼。基因是指存在于细胞内有自体繁殖能力的遗传单位，人们把这种通过基因转移技术所获得的，携有外源基因的动物叫做“转基因动物”。

第一头转基因猪是美国科学家 Hammer 教授于 1985 年得到的。他将人的生长激素基因注入猪的受精卵，得到了可以表达人生长激素的转基因猪。不久，Pursel 领导的实验室又得到了表达牛生长激素的转基因猪。这种转基因猪的生长加快了 15%。然而，异种生长激素在猪体内分泌的结果，导致转基因猪出现了较多的畸形、生殖能力和对环境的适应能力下降等一些不良作用。于是，人们设想在猪的基因组中插入、添加一段猪自身的生长激素基因，使猪自身的生长激素分泌量增加，达到提高生长速度而又减少不良作用的目的。基于这种设想，1989 年我国北京农业大学陈永福教授和湖北省农科院魏庆信所领导的实验室合作，将猪的生长激素基因与绵羊的金属疏蛋白基因启动子连接，注射到湖北白猪的受精卵，得到了我国的第一批转基因猪。这批转基因猪已经遗传了 5 个世代，表现出生长加快 10% ~15%，饲料转化率提高 5% ~10%，而且不良作用大大减少。但是外源基因在传代的过程中出现了一部分被修饰，遗传还不很稳定，因此，要培育出一个转基因猪的品系或品种，推广应用到生产，还有一些问题需要研究解决。

在各国科学家的努力下，到 20 世纪末为止，已经有数十种外源基因被导入猪的基因组，获得了各种具有特殊专门性状的转基因猪。

转基因猪的构建

转基因猪的构建需要现代的分子生物学技术、胚胎操作技术、猪的繁殖技术和育种技术的有机结合。大体可以分成以下 3 个步骤：

目的基因的制备 想通过转基因技术改良猪的某个生产性状，或者赋予猪某种特殊的性状，首先必须制备外源目的基因。它至少应包括两部分：结构基因和调控序列。

结构基因是最终要在转基因猪中表达的部分。因此，也是最基本、最关键的部分。结构基因制备的方法有多种，例如限制内切酶法、化学合成法、分子杂交法、反转录酶法和聚合酶链式反应（PCR）、体外扩增法DNA（脱氧核糖核酸）。目前在真核生物中最常用的方法是反转录酶法和PCR法。

用反转录酶法制备目的基因，首先要分离出相应的mRNA（信使核糖核酸）。一个典型的哺乳动物细胞约含10^{-5}微克RNA（核糖核酸），而其中mRNA仅占1%～5%，它们大小不同、序列各异、种类成百上千。然而在某些特异而高度分化的组织中，特异的mRNA所占比例比较大。例如：哺乳动物的生长激素是由脑垂体分泌的，脑垂体组织中生长激素的mRNA含量较高，易于提取。以脑垂体中提取的mRNA为模板，在反转录酶的作用下，合成具有生物活性的双链DNA，这就是生长激素的结构基因。PCR法制备结构基因，要在已知目的基因NDA序列的基础上，设计一对引物，以生物基因组的总NDA为底物，通过DNA体外扩增仪，就可以扩增出结构基因。

只有结构基因，还不能在猪细胞中表达，必须连有基因的调控序列。调控序列是控制结构基因开启与关闭的DNA片段。在转基因猪外源基因的制备中，人们常根据表达的需要选择不同种类的调控序列。

将上述两部分NDA片段通过DNA连接酶焊接在一起，就构成了我们所需要的重组基因。为了获得足够数量的重组基因，以备基因导入之用，还必须将重组基因与某一特定的载体相连接，然后进入细胞，通过细胞的增殖来实现重组基因的大量复制。人们发现具有上述功能的载体主要有质粒、噬菌体和病毒，而质粒是目前应用比较普遍的载体，它是某些细菌中独立于染色体之外的环状DNA。首先将重组基因插入质粒，然后将质粒送回细胞（细菌）中。在一定的环境和培养基中，细菌细胞大量增殖，质粒也就随之复制。达到一定的数量之后，将质粒从细菌中提取出来，再用限制内切酶将环状的质粒切成线性并加以修饰，用一定的溶剂配置成2微克/毫升的基因溶液，用于显微注射的外源目的基因就算全部制备妥当。

基因导入 首先选择好繁殖能力正常的母猪。为了从一头母猪中获取更多的受精卵，要用孕马血清促性腺激素（PMSG）和人绒毛膜促性腺激素（HCG）对供体母猪做超数排卵处理。经过这种处理的母猪排卵数增加1～2倍。供体母猪发情后配种。最后一次配种后的24小时，以手术方法从母猪的输卵管内冲取受精卵。猪的受精卵直径只有150微米左右，肉眼看不见，必须借助于解剖显微镜才能将受精卵从冲卵液中吸取出来。由于猪受精卵的细胞核被浓厚的细胞质遮盖，即使在高倍的显微镜下，也不能直接看见细胞核。所以要将受精卵通过高速离心机，以1.5万转/分的速度离心3～5分钟。离心后的受精卵置于显微操作仪的倒置显微镜下，就可以进行基因注射了。

用于基因注射的注射针和固定受精卵的吸管要事先制备好。注射针用特制的毛细玻璃管，通过专用的拉针仪进行拉制，其针尖的外径不能超过10微米。固定受精卵的毛细吸管大小要适宜，一般外径可在100～150微米，内径可在10～20微米，其端部要用专用的融锻仪烤制的非常平滑，以避免损伤受精卵。

注射时，将吸有基因溶液的注射针插入受精卵的细胞核，按每核注入2微升，约含500个左右基因拷贝的剂量，将基因注入核内，以看到核膨胀、而核不破裂为度。

注射基因的受精卵就可以移植了。移植的方式有两种：自体移植和异体移植。所谓自体移植，就是将受精卵移回其自身母猪的输卵管内。异体移植，则是将受精卵移入另外一头母猪的输卵管内。在异体移植的情况下，受体母猪要做同步发情处理。即与供体母猪同时用PMSG和HCG处理，使供、受体母猪同时发情。也可以在大群内选择与供体自然同步发情的母猪做受体。由于猪是多胎动物，而且经显微注射的受精卵成活率下降，所以不管是自体移植还是异体移植，每头受体母猪以移入20枚左右的受精卵为宜。湖北省农科院魏庆信等人的试验表明，自体移植与异体移植相比，受胎率提高30%，产仔率提高2倍。

移植后的母猪，要精心地饲养管理，多补充些青饲料，防止流产和胎儿的早期死亡。

转基因猪的检测 受体母猪分娩后，从仔猪的耳朵或者尾尖剪取一小块组织，提取组织细胞中的总DNA，然后进行整合检测。整合检测的方法主要有3种：斑点杂交、印迹杂交和PCR法。前两种分子杂交的方法，首先要制备好杂交探针。探针是导入的外源基因中相对于猪基因组的特异DNA片段。例如：以绵羊启动子与猪生长激素基因的融合基因作为外源目的基因，绵羊启动子就是相对于猪基因组的特异DNA片段，就可以用来做转基因猪整合检测的探针。制备好的探针要用同位素或者生物素标记。标记好的探针就可以与每头仔猪的总DNA进行杂交了。如果某头仔猪整合了外源基因，那么杂交的结果就是阳性，否则是阴性。用PCR法做整合检测，首先要根据外源基因中特异片段的DNA序列。设计一对引物。然后分别以每头仔猪的总DNA为底物，在PCR仪内进行扩增。扩增后的产物做核酸电泳，出现了特异片段的电泳带，就表明检测的这头猪整合了外源基因，是转基因猪，否则，属非转基因猪。

由于外源基因整合的位点、数量的不同以及其他方面的原因，并不是所有的转基因猪都能表达目的基因，而且不同个体表达的水平也不一样。所以对转基因猪还要进行表达检测。表达检测一般采用蛋白质杂交的方法，也可以用其他方法测定目的基因表达的产物，做定性和定量的分析。例如导入外源生长激素基因的转基因猪，就可以用放射免疫的方法或其他方法，检测血清中生长激素的浓度，来判断是否表达以及表达的水平。

通过上述的检测，筛选出高效表达的个体，构建转基因猪的工作就全部完成了。通过转基因猪的繁殖传代，就可以获得大量的转基因猪。

基因转移方法正在不断研究中，转移的方法还有重组逆转病毒感染和多能胚胎干细胞的转化，最后转移至胚泡中等。

转基因猪的应用前景

转基因猪的出现虽然只有十几年的历史，但是已经显示了广阔的应用范围和诱人的前景。综合国内外的研究，可以根据目的基因的不同类型，将转基因猪的应用概括为以下3个方面：

应用于猪的育种，改良品质，提高生产性能和抗病力 如本书前面所述，导入生长激素基因，以及促生长激素释放因子，类胰岛素生长因子等。其目的在于培育出生长快、耗料少、瘦肉率高的新品系（种）。

导入抗病基因，可以培育出抗某种病或具有广谱抗病性的品系。国外有人将干扰素基因导入猪的基因组，所获得的转基因猪对病毒的抗性有所提高。湖北省农科院1994年将抗猪瘟病毒的基因导入湖北白猪的基因组，1995年得到了对猪瘟病毒表现出一定抗性的转基因猪。猪瘟是对养猪业危害最大的烈性传染病，全世界每年都有数以百万头计的猪死于猪瘟，造成重大的经济损失。今后将继续努力研究，培育出抗猪瘟的品系，其意义是不言而喻的。

转基因猪做生物反应器，生产特殊的医用蛋白质 这方面的研究近几年发展很快。1991年美国DNX公司的科学家将人的血红蛋白基因转移到猪的基因组，得到3头携有人血红蛋白基因的转基因猪，其血液中含15%的人血红蛋白，经分离提纯，即可作为人血液的代用品。目前他们正在完善这项研究，提高产品的生物活性，同时扩群繁殖，建立专供人血液的养猪场。弗吉尼亚州立大学的科学家，将特异乳腺表达的载体与人的抗凝固蛋白C基因相连，得到28头可以生产这种蛋白质的转基因猪。目前，他们研制了猪的挤奶器，给每头母猪挤奶，然后从猪奶中分离C蛋白，再经提纯，即可直接用于人的临床，预防并治疗心脏病发作，由毒物造成的休克以及致死性的血液凝固等症。湖北省农科院正在构建可以生产人血清白蛋白的转基因猪。人血清白蛋白广泛应用于治疗失血、创伤引起的休克、低蛋白血症等。目前由于生产的原料——人血液的来源有限，所以产品仅能满足市场需求的2%。这项研究成功，不仅可以从转基因猪血液中大量生产人血清白蛋白，满足市场的需求，而且还可克服人血来源的制品中，潜在的某些病原（如艾滋病毒、乙肝病毒等）感染的威胁。

转基因猪做人体器官移植的供体 器官移植是挽救成千上万器官或组织受到严重损伤病人生命的主要手段。目前，临床上对器官移植的需求十分巨大。由于捐献器官的严重不足，致使无数患者在焦急等待中死亡。

图25 临床上对器官移植的需求十分巨大

猪组织器官的形态和解剖结构及大小与人类最为相近，而且猪繁殖能力强，饲养管理容易，如果技术上成熟，将是最理想的器官供体。妨碍异种器官移植的主要因素是排斥反应。为了克服这方面的因素。1992年英国剑桥大学的科学家White把可以克服异种排斥的基因，将人的DAF基因转移给猪，得到了DAF基因猪。他将这种猪的心脏移植给与人类进化上非常相近的动物——狒狒，这只狒狒存活了三个多月。这一试验结果揭示了用转基因猪的器官给人移植的可行性。因此，各国科学家纷纷投入了这方面的研究。1995年，美国食品与卫生组织批准了一项用转基因猪的心脏作为临危的心衰竭患者体外生命支持系统的试验，取得了较好的效果。我国“八六三”计划1996年批准了由中国科学院，湖北省农科院和同济医科大学共同申请的将转基因猪做人体器官供体的研究课题。

转基因猪的前景，听起来似乎是“天方夜谭”，但科学正在把神话变成现实。转基因技术对于改造传统的养猪业将越来越显示出重大的意义。正如科学家们预言的，将来人们养猪，不仅仅在于获得肉食，而且还在于获得药物、血浆、各种组织和器官。

2. 瘦肉型湖北白猪的培育与利用

随着经济的发展和我国人民生活水平的逐步提高，副食品消费的需求会不断地增长。在副食品消费中，瘦肉的需要量会越来越大，人们希望多吃瘦肉，少吃动物脂肪，以便对健康有利。因此，急需要培育一个适应性强、繁殖力好、瘦肉率高、生长发育快的瘦肉型品种。

猪瘦肉的多少，是由遗传和环境两个因素决定的。要增加瘦肉率，在遗传方面首先，必须培育出长瘦肉多的猪种。其次，采用经济杂交，利用杂种优势，以增产瘦肉。为此，1978年全国科技大会提出了科研应走在生产前面，根据杂交组合筛选试验结果，分析和预测我国养猪业发展前景，从而形成了较为系统的湖北白猪育种方向、目标和方法。同年湖北省科委正式下达选育瘦肉型湖北白猪及其新品系选育的研究任务，由华中农业大学畜牧兽医系和湖北省农科院畜牧兽医研究所共同承担。

品种培育过程

育种方向与育种目标 湖北白猪总的育种方向是培育瘦肉型品种，即瘦肉率高，肌肉品质好；生长速度快，饲料利用率高。在国内相同条件下，达到外来亲本品种水平；适应性（特别是对湖北地区高温、湿冷的耐受能力）优于外来亲本品种，并且要有较好的繁殖性能；在杂交利用中与某些品种（或品系，如杜洛克、汉普夏）杂交具有较好的配合力。其适用于国营农场、城市工矿区、饲料条件好的农村地区等作为杂交生产商品瘦肉猪的母本品种。

育种目标为180日龄体重达90千克，日增重600克以上；瘦肉率55%；经产母猪产仔12头；体型外貌一致。

杂交亲本的选择 要充分利用我国猪种的适应性强、繁殖性能好、产仔多、肉质好等优点，又要利用外来猪品种瘦肉率高、生长快的特点，根据杂交组合试验结果，确定以通城猪（湖北白猪Ⅲ、Ⅳ系）、荣昌猪（湖北白猪Ⅰ、Ⅱ、Ⅴ系）、长白猪（来自英国、瑞典、法国、丹麦）和大白猪（英国）作为杂交亲本，并以“大白猪×（长白猪×本地猪）”杂交组合组建基础群。根据各品系具体情况，允许3个品种的血缘成分作适当调整。

培育阶段 湖北白猪的培育过程，大致可分为以下几个阶段：

①引种和杂交试验阶段，通过大规模的杂交组合试验，筛选出了“大白猪×（长白猪×本地猪）”理想杂交组合。

②研究制定育种方案，并在国内多次引种，以品系为单位大量繁殖两三个品种的杂交猪，为组群奠定基础。

③分别组建5个彼此间无血缘关系，且各具6个以上独立血统的品系基础群。

④分品系进行多世代闭锁繁育，并分别开展营养水平试验、杂交组合试验、性状遗传规律研究、生长发育规律研究、母猪年生产力及种质特性等专题试验和配套技术研究。然后进行品种（品系）鉴定验收。

验收后继续进行各品系繁育，加速扩群繁殖与推广利用，建立健全良种繁育体系，并转入品系保持。

培育的主要技术措施

基本育种方法 从品系选育入手，杂交合成建系，品种与品系同时培育。将品种的育种目标分散在不同品系，主选性状突出，以便加速品种的育成，完善品种结构，并为品种育成后的品种保存和开展品系间杂交奠定基础。

②采用群体继代选育法，严格实行多世代闭锁繁育，特别强调品系基础群应具有广泛的遗传基础和较高的生产性能。因此，要求各品系群必须具有多个血统来源，这样才能既保证品系繁育世代近交系数不过快增长，又可保持品系间的遗传差异，丰富品种内的遗传基础。

③采用个体性能测定加同胞测定的综合测定制度。提高了选种的准确性。坚持头胎留种，保证一年一个世代。

④品种、品系选育与杂交利用相结合，加快繁育体系的建立，促进科研成果向生产力转化。

选育的主要技术措施

①主选与产肉量相关、遗传力（h^2）较高和中等的性状。性状的遗传力愈高世代进展愈大。湖北白猪主选了活体背膘厚（$h^2=0.4\sim0.6$）和日增重（$h^2=0.25\sim0.3$）两个性状，以间接提高胴体瘦肉率（活体背膘厚与胴体瘦肉率的遗传相关 $r_A=-0.5\sim0.6$）和饲料利用率（日增重与饲料的利用率的遗传相关 $r_A=-0.55\sim0.75$）。

②缩小环境条件的差异，各世代各类测定猪均采用同一营养水平，同一测定猪舍，同一饲养员管理，并实行自由采食，提高选择的准确性。

③缩短世代间隔，提高选择强度。各品系留种群均实行头胎留种，一年一个世代。为缩小留种率，提高选择强度，实行“断奶时多留，6月龄精选”的措施，采用指数选择法进行综合选择，对肢蹄和外形差、有缺陷奶头的个体先予以淘汰。保证公母猪留种率分别在15%和3.0%以下。

④供给全价配合饲料以及预防疾病的发生，确保育种工作的顺利进行。

品种特征和特性

品种特征 湖北白猪全身被毛白色（允许眼角或尾根有少许暗斑），头稍轻、直长，两耳前倾或稍下垂，背腰平直，中躯较长，腹小，腿臀丰满，肢蹄结实，有效乳头12个以上。成年公猪体重250~300千克，母猪200~250千克。

湖北白猪属瘦肉型品种，具有瘦肉率高，肉质好，生长发育较快，繁殖性能优良，能耐受长江中游地区夏季高温和冬季湿冷的气候条件。在夏季持续60多天高温、最高气温40℃，冬季持续80天湿冷，最低气温-12.8℃，年相对湿度82%的环境条件下，肥育测定猪平均日增重达620克（0.62千克）以上，表现了较强的适应性，是开展杂交利用的优良母本品种。湖北白猪包括五个彼此间无亲缘关系，既有品种共性又各具特点的品系，其中Ⅰ、Ⅱ、Ⅲ系繁殖力强，适应性好；Ⅳ、Ⅴ系生长发育快，瘦肉率高。

生产性能

①生长肥育性能：后备公猪6月龄体重约90千克，后备母猪82~85千克；饲料利用率3.5以下（即长1千克肉需要的饲料在3.5千克以下），达90千克日龄为180天（也就是半年出栏1头肥猪）。肥育猪体重20~60千克阶段，每千克饲料含消化能12.55兆焦耳，粗蛋白16%；60~90千克阶段，每千克饲料含消化能12.13兆焦耳，粗蛋白14%。Ⅰ、Ⅱ、Ⅲ系平均日增重560~620克，每千克增重耗料3.17~3.27千克；Ⅳ、Ⅴ系平均日增重622~690克，每千克增重耗料3.45千克。

②胴体品质：湖北白猪适宜屠宰体重为 90 千克。宜采用母猪不去势、公猪适当延迟去势的肥育方法和前期充分饲养、后期适当限食的饲养方式。90 千克屠宰时，平均背膘厚 2.5 ~ 2.8 厘米，眼肌面积为 30 ~ 40 平方厘米，腿臀比率达 20% ~ 33%，每头猪产瘦肉量为 36 ~ 38 千克，Ⅰ、Ⅱ、Ⅲ系胴体瘦肉率 58% 以上，Ⅳ、Ⅴ系 61% 以上（也就是瘦肉率高）。肉质良好，肉色鲜红，肉色反射值为 18 ~ 21，pH 值达 6.1 ~ 6.4，系水力 85% ~ 90%，肌肉内脂肪含量达 2% ~ 3%。

③繁殖性能：母猪初情期平均为 121 ~ 130 日龄，发情持续期 5 ~ 6 天，适宜初配期 7 ~ 8 月龄，体重 100 千克以上。初产母猪平均产仔数为 9.5 ~ 10.5 头，经产母猪（3 胎以上）产 12 ~ 13 头。

杂交利用效果

在养猪生产中，已越来越多地利用杂交繁育的方法，它不仅用

图 26　养猪生产中已越来越多地利用杂交繁育的方法

于品种之间，也用于同一品种的不同品系之间。近年来，一些畜牧业发达的国家中80%～90%的商品猪肉来自杂种猪。所谓杂交，是指不同品种或不同品系间的公母猪相互交配。杂交所生的后代称为杂种，杂种具有较好的适应性、较强的生活力、较高的繁殖性能和较快的生长速度以及较好的胴体品质。

培育湖北白猪之最终目的是为杂交利用提供优良的亲本品种，并通过杂交组合试验而筛选出最优组合，以生产高效优质商品猪。以湖北白猪为母本与杜洛克或汉普夏公猪杂交均具有较好的配合力，特别是与杜洛克猪杂交效果明显，肥育猪20～90千克阶段，日增重650～700克，杂种优势10%以上，肉质优良，肉色鲜红。

为培育出具有中国特色的产仔多、瘦肉率高、肉质好的专门化品系，通过广泛的配合力测定以形成适合不同市场需求的配套杂优组合，高产优质高效地生产商品瘦肉猪，国家科委和农业部下达了国家“七五”和“八五”攻关项目“中国瘦肉猪新品系选育”任务，华中农业大学承担了其中“中国瘦肉猪新品DⅣ系选育与配套研究”任务。中国瘦肉猪新品系DⅣ系，采用高选择差法，从湖北白猪Ⅲ、Ⅳ系中选择高产的家系和个体组成高质量的基础群。采用群体继代选育，经过G_0～G_6共7个测定和选择，其主要经济性状已达到育种目标，473头初产母猪平均产仔数10.82头，经产母猪平均产仔数13.15头；肥育期日增重672克，饲料利用率为3.01，达90千克体重日龄178天，胴体瘦肉率为61.28%，肉质优良。以DⅣ系为母本，杜洛克为父本生产的杂优猪日增重788克，达90千克体重155天，胴体瘦肉率64%，母猪窝产瘦肉量达490千克以上，具有很好的应用和推广前景。

3. 借腹怀胎繁殖优良奶牛

借腹怀胎即胚胎移植的通俗说法，胚胎移植即受精卵移植，它是将一头良种母牛配种后的早期胚胎取出，移植到另一头同种的生理状态相同的母牛体内，使之继续发育成为新的个体。提供胚胎的个体称为供体，接受胚胎的个体称为受体。胚胎移植实际上是产生胚胎的供体（良种）和养育胚胎的受体（普通种）分工合作共同繁殖后代。胚胎移植产生的后代，遗传物质来自真正的亲代即供体母牛与交配的公畜，而发育所需的营养物质则从养母（受体）取得，因此供体决定它的遗传性（基因性），受体只影响它的体质发育。

牛属单胎动物，一般一年只生一头牛犊，一生只生7～8头牛犊，其中可能一半是公的，一半是母的。优良好牛靠自然的方式繁殖，奶牛一生只能提供4头高产母牛后代，而用胚胎移植技术平均每头供体一年就可获得10头以上的牛犊，相当一生的繁殖数量；美国一头高产奶牛采用胚胎移植技术，创造一年繁殖60头高产牛后代的最高纪录。有人认为使低产奶牛群产奶量成倍增长，采用人工授精技术需要七个世代（约15年）的杂交改良才能完成，若以胚胎移植技术扩大优秀奶牛数量则仅需要一个世代（约2.5年）即可完成。采用胚胎移植更新牛群，其遗传改进的效益可增加3～4倍。

胚胎移植的目的

主要包括：①提高优良母畜的繁殖能力。②促进家畜的改良。③缩短世代的间隔，及早进行后裔测定。④使奶牛产双犊。⑤长期保存冷冻胚胎，便于运输和保存遗传资源。

借腹怀胎是如何实现的

借腹怀胎即胚胎移植，是通过两个重要的技术措施来完成的：一个是超数排卵，解决大量胚胎的来源；一个是同期发情，解决供体牛的胚胎能移植在受体牛相同的环境的问题。

超数排卵 牛属单胎动物，一般一胎只生一头牛犊。超数排卵是在母牛发情同期的第10～13天（即黄体期）注射促性腺激素，诱发母牛卵巢大量的卵泡同时发育并排出，排出能正常受精的卵，这种技术叫超数排卵。经过受精后即成胚胎。早期的胚胎能从牛子宫中取出，并能成活，是由于早期胚胎在附植之前是独立存在、自由生活的，和子宫没有建立实质性的联系，它的发育基本上靠本身贮存的养分，所以，在离开母体的情况下，短时间移到供体相同的环境中即可继续发育。

同期发情 在胚胎移植中，受体和供体必须同期发情，使两者的生殖道的生理阶段相同，才能达到预期效果。这是胚胎移植成功的关键之一。当前采用两种办法：一种是用孕激素，使血液中保持一定含量，造成人为的黄体期，使卵泡的发育和成熟进行暂时性的人工控制，当卵泡发育状态大致处于同一时期时解除人为控制，母畜就同期发情；另一种是控制黄体的机能，中断黄体的发育，孕酮水平量下降，使黄体退化期一致，导致卵泡发育一致，母畜就同期发情排卵。同期发情是利用药物对一群受体母畜处理，调整发情进展，使供体和受体母畜同一时间发情，以便受体接受供体的胚胎，即借腹怀胎。

胚胎移植通过超数排卵和同期发情两个技术措施完成借腹怀胎的目的，使低产牛怀高产牛的后代，还可使黄牛怀奶牛的后代，加快良种奶牛的繁殖速度，减少奶牛饲养头数。目前高产奶牛仅占奶牛群的10%左右。北京、天津、上海等地奶牛每头平均年产奶量达6000~7000千克，而湖北省仅4000千克左右，所以加快优良奶牛的繁殖速度可以采用胚胎移植技术。

胚胎移植的方法

供体与受体母牛的准备

①供体母牛必须具有较高的生殖性能，年龄在3~7岁，2~4胎，经产、高产奶牛，产奶量在6000千克以上的母牛，在今后2~4个月子宫恢复正常、发情周期正常的母牛选为供体。

②受体母牛，用低产奶牛或黄牛均可，每头供体母牛需准备7~8头受体母牛。受体母牛必须有良好的繁殖性能和健康的体况，年龄在1.5~7岁，但以2.5~5岁、产犊1~2胎的母牛为好。

超数排卵 将选好的供体进行直肠检查，在母牛性周期中期第

10～13天采用促卵泡激素连续注射4天，每天2次，间隔12小时，剂量为420～500国际单位，注射剂量递减，比例为8、6、6、5，在注射后第三天上午、下午，子宫灌注15-甲基前列腺素$F_2\alpha$2424毫克，灌注后48～66小时发情，发情后10～12小时用冷冻精液（良种公牛精液）输精2次。输精前注射促排卵3号200微克，以排卵日为零天，第7天非手术采胚胎。

采胚胎的方法 采集胚胎用非手术法，如同在临床上冲洗子宫的方法一样，先经导管将冲洗液注入子宫，然后再将液体回流，导出子宫内的胚胎即随冲洗液而排出来。

①供体母牛的麻醉及保定：把牛赶入保定架，让母牛的前躯略为提高，便于回收冲卵液。用2%静松灵麻醉，或在尾根部第3～4尾椎硬膜外腔注入2%普鲁卡因4毫升。

②术者像直肠把握输精一样，经灭菌处理的胚胎采集器随手插入直肠内，在手引导下使导管插入一侧子宫角。这时，助手慢慢将空气20毫升注入气囊内，使胚胎采集器固定于子宫角内。

③术者一边按摩子宫角，一边由助手用50毫升冲卵液经导管注入子宫角内，然后由二通式液流管的开口流出，连续冲洗5～6次，第一次回收的冲卵液应单独收集，因为最初流出的冲卵液中含有较多的胚胎。

④胚胎收集结束后，应向子宫内灌注青霉素等药物，以防污染。

⑤将回收的冲卵液立即送入实验室内，静置半小时，使胚胎下沉于容器底后，弃去上面清液，在解剖显微镜下检查出胚胎。

胚胎的检查 将收回的冲卵液置于35℃的保温箱内，静置20～30分钟后开始检查受精卵。检查卵时，将集卵瓶最下部先放出20～30毫升，放在解剖显微镜下，先低倍，后高倍，检查出的卵用吸管放入集卵皿中，然后按形态及质量分类保存。鲜胚胎保存可在晚桑葚期或早囊胚期进行，温度0℃～4℃，保存液为磷酸盐缓冲液（PBS液）加20%小牛血清保存时间24小时。

胚胎分装 在0.25毫升细管上安装吸卵器，按保存液1份→

空气1份→胚胎和保存液2份→空气1份的顺序装入细管内，也可直接装入移植器内马上移植。若不移植，封口、标记，进行冷冻保存。

鲜胚移植方法 受体牛采用2%普鲁卡因或利多卡因3~5毫升尾椎硬膜外腔麻醉，将含有胚胎塑料细管装入输精器内，将胚胎注入有黄体存在的一侧子宫角内。使移植到受体生殖器官的胚胎与原来在供体内生殖器官所处的生理环境一致，才适于胚胎继续发育，即借腹怀胎。

胚胎移植的前景

胚胎工程是生物技术中一个重要的组成成分，它是在实验室条件下对动物的生命起源繁衍和发育过程加以人为的干预、改造和操作的过程，是扩大动物的优秀遗传基因，增加后代的有益经济性状，按照人们的意愿，定向生产某种性别或性能的动物，迅速扩大良种数量，不断降低消耗，提高生产能力甚至创造新物种的一系列工程。胚胎工程主要包括胚胎移植、胚胎冷冻保存、胚胎分割、性别鉴定、体解受精、细胞融合、基因导入及核移植等技术。

武汉市畜牧兽医科研所在胚胎移植研究上获得了一系列成果，成功地将东西湖牛奶公司的高产牛胚胎移植于低产牛体内或移入黄牛体内，即借腹胚胎繁殖优良奶牛，其移植成功率达50%以上，现已生产100多头高产牛的后代，等于增加50头高产牛奶，按每头年产8000千克计算，即年增加40万千克鲜奶，其经济效益和社会效益都非常可观。另外加上胚胎分割又增加一倍的产量，利用性别控制技术又增加一倍的母牛产量。

胚胎移植还可利用淘汰母牛卵巢上的卵母细胞在实验室培养、授精、孵育成胚胎，培养试管牛犊，从而大大降低胚胎的成本。

胚胎核移植可以复制相同的个体，产生大量遗传上相同的动物，胚胎中所有的细胞核都会有相同的遗传物质，每个核都能发育成相同的遗传基因个体。

综上所述，胚胎工程系列技术都是在实验室里“塑造”生命，会出现各种形式的“生命工厂”，这一切为畜牧业高速发展展示出光辉的前景。

4. “克隆羊”带来的喜和忧

从1997年初开始，“克隆”和“克隆羊”二词在我国的有关报刊上频频出现，引起了国人的广泛关注。人们不禁问道：何谓“克隆”？何谓“克隆羊”？

“克隆”是英文“clone”的音译，意即无性繁殖，它是人工诱导下的无性繁殖，是“复制”、“拷贝”生物，而不是靠雌、雄两性繁殖。现在“克隆”的内涵又有了扩大，只要是从一个细胞得到两个以上的细胞、细胞群或生物体，就可称为“克隆”。“克隆羊”，就是不经过亲本两性的性细胞结合而繁殖出来的羊，即无性繁殖的羊。被报纸杂志“炒”得沸沸扬扬的“克隆羊”——“多利”，则情况更为特殊，她是从成年母绵羊的乳腺细胞中取出的一个体细胞繁殖出来的，她没有父亲，也没有遗传学上的母亲，而只有生物学上的母亲，这就是“多利”的特殊所在。

对于“克隆羊”人们感到比较陌生，但对无性繁殖，尤其在植物方面，早就运用于农业生产，并取得了丰硕的成果。用无性方法繁殖动物，尤其是繁殖高等哺乳动物，则起步较晚，尚无法在生产中加以利用。但在很久以前，我们的先人就对这一问题作过幻想。伟大的文学巨匠吴承恩在《西游记》中，就描写过孙悟空抓一把自己的汗毛，用口一吹气，这些汗毛顿时都变成了一群酷似自己而又活蹦乱跳的猴子的情景。今天面对“克隆羊”的诞生，我们重温西游记中的这段文字，从中得到的启发，那是不言而喻的。

但是幻想毕竟是幻想，尽管它能给人以启迪，然而要把这个幻想变成现实，使之能在生产中造福人类，则要经过相当长的时间和许多人为之奋斗终生。在各国生物学家的不断努力下，近几年这个领域的研究成果不断涌现。在克隆羊——“多利”出生之前，其他克隆动物已来到了世间，它们是：美国俄勒冈的科学家用胚胎细

图 27 无性繁殖的研究成果近几年不断涌现

胞“克隆”的两只猴已在 1996 年 8 月出生；我国台湾畜牧试验研究所吴明哲研究员利用胚胎细胞培育的五头“克隆猪”于 1997 年 3 月 3 日度过了 6 岁生日，目前它们已儿孙成群；澳大利亚科学家培育出 470 个牛克隆体，尽管目前尚未置入母体，但朝着大规模培育完全相同的牲畜迈出了第一步；新西兰科学家用冷冻胚胎细胞克隆出了两只孪生羊；1993 年我国科学家陈永福的博士生克隆出了 16 只兔子，朱裕鼎研究员主持的研究中曾用胚胎细胞成功地克隆出了兔、猪、山羊和公牛等动物，湖南医科大学的硕士研究生陆长付用细胞核移植方法克隆出了 6 只黑色小鼠。我国科学家克隆出的动物种类，是绝大多数国家无法比拟的。它说明，我国也是克隆动物最早的诞生国家之一。

尽管克隆动物早在英国克隆绵羊“多利”诞生前就曾多次成功，然而不论哪种“克隆”动物都没有像“多利”这样产生如此强大的冲击波。这是因为英国科学家“克隆”出的“多利”，比其他“克隆”动物的技术水平高出了一个层次，达到世界领先水平。让我们来看看克隆“多利”的过程吧。

绵羊经过正常妊娠后于1996年8月产下了“多利”，至英国《自然》杂志公布这一消息时，“多利”已来到世间7个月了。“多利”完全继承了多塞特母绵羊全部遗传物质的特性，她是多塞特母绵羊百分之百的“复制品”。

“多利”是世界上首例采用成年哺乳动物的体细胞培育出的“克隆羊”，在此之前的核移植是用胚胎细胞作为供体细胞的。由于胚胎细胞是有全能性的，故把胚胎细胞的细胞核移植入亚细胞后，就能形成完整的个体，恢复到授精亚状态，从而发育成生物。“多利”是用体细胞作供体细胞的，而体细胞是失去了全能性的，经过特殊处理，使细胞恢复了全能性，这就是克隆“多利”的难度所在。为什么自1986年来，科学家们已用胚胎细胞克隆出了兔、牛、羊、猪、猴、鼠等都未引起轰动，而英国的“多利”却一举成名，被国际科技界公认为本世纪最重大的科研成果之一，这其中的原因，我们就不难理解了。

克隆羊的问世有着重大的理论与实践意义。

在理论上，“多利”对传统发育生物学观点产生了冲击。这种观点认为：在繁殖过程中，只有胚胎细胞是具全能性的，只有把胚胎细胞核移植入亚细胞后，才能形成完整的个体；而体细胞不具备这种全能性，它们是在发育过程中高度专门化了的细胞，因此，人们只能利用骨细胞繁殖骨骼，利用肌肉细胞繁殖肌肉，骨细胞和肌肉细胞是不能繁殖出完整的生物个体的。而现在英国科学家却用母绵羊的乳腺细胞克隆出了“多利”，这就在理论上彻底打破了以往生物繁殖的界限，说明体细胞和能繁殖整个生物的卵细胞一样具有“全能性”，只要技术得法，同样能够培育出完整的生物。这是发育生物学、遗传学上的重大突破。

在实践上，克隆羊的繁殖方法具有实用价值和划时代意义。人们可以利用这一技术繁殖有价值的畜禽，有利于加速品种改良，使之更好地造福人类。现在科学家培育出了某种家畜的优良个体时，要采用严格的亲本选配进行扩大繁育，但由于合乎标准的优良亲本有限，繁殖的速度大受限制，极大地延缓了品种改良的进程。现在有了克隆羊的繁殖方法，就能轻而易举地跨越亲本配合的鸿沟，大大加快繁殖步伐，使优良个体不用多久就能达到应用的规模，人类将会从这项技术中大受其益，大获其利。因此，在这方面，克隆技术将开辟一个广阔的投资领域。

运用克隆技术抢救濒临灭绝或已经灭绝但尚保存着富有生命力物质的珍奇禽兽也充满着希望。由于地球环境的变迁和恶化，一些有价值的禽兽，有的已经灭绝了，有的濒临灭绝边缘。对于灭绝者，当我们找到埋于地下的木乃伊遗体、遗骨甚至化石时，当中只要还有生命物质存在，就可能从中将遗传物质分离出来。这种遗传物质携带着那种生物的全部遗传信息，用克隆技术对其加以处理和培育，生物史上已经绝迹了若干万年的珍奇物种就有可能重新复活。对于濒临灭绝的生物，借助于克隆技术加以挽救、恢复，并保持一定的群体规模，让它们继续造福人类，这已不是幻想，而是切实可行的高新技术。因此，克隆技术在维护地球生态平衡，美化人类生存空间方面的潜力也是巨大的。

克隆技术在人类自身繁衍方面也有其可取之处，它可使某些夫妻要求再生一个在交通事故中丧生的孩子，或再造一个与患上不治之症的子女完全一样的健康子女的合理愿望能得以实现。因此，克隆羊的诞生，也为克服人类自身繁衍中的一些不可克服的障碍带来了希望。在这方面，人类有希望加以利用。

但是，如果把克隆技术不加限制地加以滥用，甚至利用其来繁殖人类，这将会产生难以预料的严重后果。这就使人们在赞扬克隆羊“多利”面世之时，又同时产生的严重忧虑。英国 1995 年诺贝尔和平奖获得者罗特布拉特说：“有关无性繁殖的研究进一步发展下去，有可能走上比核武器更危险的道路。”事实上，利用体细胞生产克隆体虽数量无限，但质量无法保证。从遗传角度而论，通过精卵细胞的结合，使父母双方的遗传基因相补充，就可能使子女的质量超过父母，单靠体细胞搞克隆繁殖，子女的质量很难再加提高。

用克隆技术“复制”人，是对人类发展的过强干预，会影响人种的自然构成和发展。与正常生育的人相比，克隆人在社会生活中的悲观心理和宿命感可能更强，那些为特殊目的而被克隆的人，则会有自己是社会工具的强烈感觉，导致产生报复心理和对抗行为，从而对正常的社会伦理构成威胁。对于家庭，克隆人会加剧家庭多元化倾向的发展，改变人的亲系关系和模糊确定亲系关系的标准，使家庭伦理面临难题。从性伦理角度看，它完全改变了人类基于性爱的生育方式，使生育与性爱分离，从而破坏男女之间基于性爱而获得后代的情感，并由此改变人类的性伦理关系。从哲学上看，它还会使正常的生与死的概念发生动摇。

图28　克隆人在社会生活中的悲观心理和宿命感更强

因此，克隆技术对人类的确是把双刃剑，它在为人类造福的同时，弄得不好，很有可能将人类自身砍成重伤，这是我们现在不能不提防的事。

基于上述原因，中国社会科学院哲学所应用伦理研究中心的学者们提出：“对于这样一个关系人类未来的重要问题，国际高层社会组织间应进行严肃对话，应组织各方面的科学家和社会公众参与这一讨论，作出明确的选择。”在1997年3月19日卫生部组织的关于克隆动物的专家座谈会上，卫生部部长陈敏章明确表示：中国反对克隆人的试验。美国、日本、欧盟等国政府首脑也决定不再向有关可能涉及“繁殖克隆人”的研究提供政府资助，有的国家正着手用法律形式对这项研究加以限制。只要各地政府、科学界和国际组织从“多利”技术起步时就采取预防措施，从立法和各方面禁止它的滥用，就有可能切实保证这项有威力的技术用于繁殖珍奇动物和种质保存、用于动物品种改良和生产移植器官，为人类造福。

5. 基因工程生产超级鱼

基因工程是生物工程的主角，它是20世纪70年代初兴起的一门新技术。基因工程可使人们对昔日神秘莫测的基因，如今能像机器零件那样制造、修配、连接、转移和扩增，最后能大量地表达，以致能大规模地工业化生产该基因所编码的蛋白质。基因工程与常规育种的根本区别在于它突破了“种”的界限，基因工程是分子遗传学的最新理论和技术成果在育种工作中的应用。

世界上首例转基因鱼是由我国学者朱作言先生生产的超级泥鳅，它的生长速度比普通泥鳅快3～4.6倍。到目前为止，转基因鱼已涉及几十种，转移的基因种类，包括生长激素基因、抗冻基因、抗病基因等。

所谓超级鱼，并非只是指生长速度特别快，它还包括抗病能力特别强，抗寒能力强等。目前除我国外，许多国家相继开展了这一方面的研究，转基因鱼研究旨在提高鱼的生长性能、抗冻能力和耐低氧水平，也做过色素基因、δ-晶体蛋白基因、萤火虫荧光素酶基因、β-半乳糖苷酶基因、卵黄蛋白原基因、氯霉素乙酰转移酶基因和新霉素抗性基因转移的基础研究，涉及的鱼包括几十种。如果能将萤火虫的发光基因转移到鱼身上，使鱼在夜间能自动发光，这样不仅能引诱虫子以获取食物，同时可以起到观赏工作。

我国在转基因鱼方面的研究工作还是比较早的，童第周和牛满江在20世纪70年代从鲫鱼体内提取并部分纯化的脱氧核糖核酸（DNA），注射给金鱼受精卵，结果使1/3的金鱼尾鳍由双尾变成了单尾，这些鱼自交的后代仍有38%左右有单尾，而正常双尾金鱼自交后，仅3.8%有单尾，这表明，通过注射鲫鱼的DNA，可使鲫鱼的基因转移到金鱼体内，引起尾鳍改变。他们又从鲤鱼成熟卵提取信使核糖核酸（mDNA），注射给金鱼受精卵，结果也引起22.3%的个体尾鳍由双尾变成单尾，这表明不仅DNA注射可以引起性状改变，而且mRNA也可以引起后代的性状改变。

鱼类中不经载体，将DNA或mRNA直接注入受精卵内，可以引起遗传性状发生改变，这为基因工程提出了一种新的工艺程序，可以设想，如果将某品种的某一优良经济性状通过基因转移到另一个品种，那么就很有可能培育成一个优良的新品种或新类型。

另外，基因转移的研究也取得了突破性进展。朱作言等首先报道了外源基因在鱼类受精卵内转移的研究，追踪了外源基因在鲫鱼胚胎发育过程中的行为，初步证明了外源基因在50日龄受体鱼基因组内的整合作用。后来，他们还证明人生长激素基因有加快受体鱼生长发育的功能。他们用人生长激素基因向泥鳅受精卵注射、转移并表达成功，这种泥鳅试验组在135天时取样称重，平均体重为对照组的1倍左右，个别泥鳅为对照组的3~4.6倍，但后期生长不明显。但因这种鱼含有人的基因，所以人们在心理上对它有一种难以接受的感觉，因此，他们经过长期努力，已构建了全鱼生长激素基因，并在鲤鱼中转移成功，已生产出具有明显生长优势的超级转基因鲤鱼，而且转移的基因为鱼本身的基因，消费者容易接受，目前正在进行有关食用安全检验和环境安全检验，有望在今后若干年内推广应用。

要想进行转基因鱼的研究，首先必须获得需要的基因，然后通过扩增并转移，转移后还要看这个基因能否表达成功并发挥作用，这是一项较为复杂的工作。在分离所需要基因方面，生长激素基因是人们首先考虑的，它能促进动物生长，提高生产性能。要么将这种生长激素基因转移到细菌中，使细菌生产出生长激素，然后利用生长激素来注射鱼或投喂鱼，使鱼快速生长，这样也可以达到所需要的目的。以前获得生长激素的唯一方法是从动物的垂体中提取，而动物垂体中生长激素的含量非常少，因此，单靠提取的方法不能应用于生产实践。据报道，4000 个猪垂体中仅能提取到约 0.5 克高纯度的生长激素，此量仅够一头猪注射之用。另外，1500 尾鲑鱼的垂体中也只能分离出 70 克粗制的生长激素。显然，这样成本太高，而且是根本做不到的。然而利用基因工程的方法生产生长激素则完全有可能应用于生产。如美国报道，他们在实验室能成功地利用细菌高效表达出牛和猪的生长激素，从 1 升细菌培养液中提取到 1.5 克生长激素。

在鱼类方面，吉尔等人报道了给小的银大麻哈鱼定期注射用重组 DNA 方法生产的鸡或牛生长激素，42 天后，实验组体重为对照组的两倍，其效果与注射天然的牛生长激素一致，说明某些高等脊椎动物的生长激素有加快生长的作用。与此同时，日本协和发酵工业株式会社东京研究所和北里大学应用基因工程的方法生产鱼类生长激素获得成功。他们从大马哈鱼垂体的 DNA 基因群中切取生长激素的基因；导入大肠杆菌的 DNA 中，利用大肠杆菌的高繁殖力大批量生产大马哈鱼生长激素，它不仅可促进大马哈鱼的生长，还可促进鳗鲡、虹鳟、香鱼、真鲷以及河鲀等的生长。

另据报道，美国约翰斯·霍普金斯大学的研究小组也宣称在细菌上克隆出一种哺乳类生长激素基因，并把多重拷贝显微注射到鱼类受精卵里，并获得了表达。

抗逆基因的分离与转移也是众多研究者所孜孜追求的，如分离抗冻基因。抗冻基因是美国伊利诺斯大学的研究人员最早从南极鳕鱼中分离出起抗冻剂作用的特殊蛋白质。这些蛋白质是由30~40个氨基酸组成的多肽长链，具有防止冰晶格的形成，可使鱼血液的冰点降低1℃~2℃。加籍华裔学者林源博士能够克隆出相应的基因复合体。他们正打算将这些基因转移到耐寒性较差的鱼体内，如果抗寒基因最终分离与转移成功，势必促进我国的鲮鱼与罗非鱼的养殖。一旦鲮鱼与罗非鱼的耐寒力能提高2℃~3℃，则鲮鱼养殖地域即可从广东扩至华中广大地区，产量可从目前的2万吨增至4万~6万吨，经济效益十分可观；罗非鱼耐寒力增强后，可减少我国大部分地区冬季罗非鱼保种越冬所需的能源，降低成本，缩短越冬期，增加养殖时间，经济效益更加明显。

为了培育个体更大、生长更快以及在普通鳟鱼不能生存的条件下可以生存的鳟鱼，英国南安普敦大学用遗传工程技术植入鼠和蛙的基因，结果培育出一个新品种——超鳟鱼。该鱼携带着来自鼠和蛙的三个基因，而且这三个基因已被分离，并通过人工繁殖的方法形成克隆。第一个基因来自鼠，它表现出抗重金属毒性的特征。它能使鳟鱼在其自然种群受酸雨危害而消失的水域中生长繁衍。因为在受酸雨影响的湖泊和河流里，杀死鱼类的并不是酸，而是酸雨所释放的重金属。第二个基因来自蛙，将其植入鳟鱼，组成一种球蛋白，从而提高了这种鱼的呼吸效率。这样可使鳟鱼生活在水温较高的水域中，并且在低溶氧时仍能生存。第三个基因来自鼠，它控制生长激素的产生，可使鱼有效地进行食物转化，结果超鳟鱼比普通鱼长得既快又大，抵抗恶劣环境的能力又强，获得了比普通鳟鱼难以具有的优点，因此，称之为超级鳟鱼，这也只有通过基因工程的方法才能获得。

总之，随着基因克隆技术的不断发展，各种优良性状的基因终将被陆续分离出来，转移这些优良性状的基因，定将为鱼类抗病、抗寒等抗性育种开辟新的途径。

6. 鱼类性别的人工控制

关于动物性别控制问题，人们一直有很大的兴趣，因为不同性别的动物在生产生活中有着特殊的作用，母奶牛能产奶，母鸡能下蛋，公鹿能产茸，公羊和公貂比雌的毛皮产量高20%～30%。鱼类的情况也是这样，性别控制已成为水产科学上既有理论意义又有经济价值的研究课题。

养殖鱼类为什么要进行性别控制

控制繁殖 不同鱼类繁殖周期差别很大，有些鱼类需要几年甚至十几年才性成熟，而有些鱼类几个月就性成熟，像罗非鱼，它是一种非常好的养殖鱼类，但由于成熟早、繁殖周期短，一年中往往出现“四世同堂”的现象，待起产时群体过密；繁殖过多，个体太小，往往影响产量和商品质量，所以对于罗非鱼需要控制其繁殖。

提高养殖鱼类生长速度 如罗非鱼雄鱼比雌鱼长得快，鱼苗饲养到两三个月以后，雄鱼比雌鱼重一倍左右；也有些是雌鱼比雄鱼长得快，如鲤鱼、鲫鱼、草鱼和鳗鲡等。据报道，鲤鱼雌性比雄性生长快15%～25%。因此，通过人工控制性别的途径获得生长快速的单性鱼并应用于生产，具有重要的经济意义。

控制养殖鱼群体过早成熟 鱼类一旦性成熟后，生长速度就会降低，给生产单位带来不利。像虹鳟鱼两龄以上才能上市，而雄鱼两年就成熟，为此，通过性别控制使养殖鱼类全部为雌性，在性成熟之前达到上市规格，成为解决这个问题的措施之一。

鱼类的性别

鱼类性别的表达方式是多种多样的。鱼类的外部性别在幼体阶段很难区别，在性成熟后特别是繁殖季节大多数鱼可通过外部特征鉴别雌雄。但有些鱼存在雌雄同体，很难说该种鱼是雌是雄：有些鱼在第一次性成熟后是雌鱼，只产生卵子，当长到一定阶段后卵巢退化逐渐转变为精巢，从而变为雄鱼。黄鳝就属于这种鱼类，另外雌性剑尾鱼有时也会变为雄鱼。

大部分鱼类是雌雄异体。其性别决定机制包括了目前所有的性染色体类型，例如雄性配子异型的有 XX-YY、XX-XO、$X_1X_1X_2X_2$-$X_1X_1X_2$、$X_1X_1X_2X_2$-X_1X_1Y 以及 XX-XY_1Y_2 等；雌配子异型的有 ZW-ZZ、ZO-ZZ 以及 ZW_1W_2-ZZ 等，并不是大多数人知道的雄的为 XY、雌的为 XX 类型。因此，鱼类的性别是极其多样和复杂的。

鱼类性别的人工控制方法

性激素处理 利用性激素对早期鱼苗进行处理，可以使鱼的生理性别实现人为控制。例如遗传性别为 XY 的雄鱼，在早期投喂含雌性激素的饲料后，可以发育为雌鱼，其性腺可以发育为卵巢，可以产卵、排卵或有雌性的求偶行为，但其性染色体 XY 不变，会产生含 X 和 Y 的两种卵子，而且具有受精能力。相反，如果性染色体为 XX 的雌鱼，在经过雄性激素处理以后，同样会发育为雄鱼，会产生精子，具有雄鱼的一切外部形态特征，而且产生的精子也同样具有受精能力，不过这类精子只产生一种 X 类型。

用性激素转化鱼类的性别，在许多国家进行了广泛的研究。据统计，从遗传型雌性向表现型雄性逆转已在青鳉、金鱼、罗非鱼、花鳉、斑马鱼、虹鳟、大西洋鲑、银大麻哈鱼以及大鳞大麻哈鱼等近 20 种雌雄异体鱼类中获得成功。所用的雄性激素有 17α-甲睾酮、11-异睾酮、17α-炔孕酮、丙酸睾酮、雄酮、雄烯二酮以及甲基雄烯二醇等。其中应用最广的是甲基睾酮，因为它容易得到，作为口服时相当稳定而有效。

从遗传型雄性向表现型雌性逆转也在许多鱼类获得成功。所用的雌激素有 17β-雌二醇、己烯雌酚、雌酮、雌三醇、炔雌醇以及醋酸乙酰雌二醇等。在这些激素中，最有效的是 17β-雌二醇。但到目前为止，该类固醇仅应用于鲑鳟鱼类。除此以外，还有一些更有效的雌激素，如己烯雌酚、炔雌醇等，但这些合成激素，不易获得或者是成本高，所以在鱼类中不常用。

最近几年来，国内一些单位进行了鱼类性别转化的研究，具体做法是：采用甲基睾酮拌食投喂莫桑比克罗非鱼，按每克食料中含30 微克激素剂量处理体长 9~11 毫米刚离开雌鱼口腔的幼稚莫桑比克罗非鱼，连续投喂 85 天，结果雄性的比例由自然群体中的58.4%提高到97%，甚至高达100%。相反，利用雌激素——苯甲酸雌二醇拌食投喂莫桑比克罗非鱼，自然群体中的雄性比例则下降到23.1%。

用激素诱导的性逆转，仅仅是生理性别的改变，而不是遗传性别的改变。例如性逆转的雄鱼尽管能产生精子，但精子只含有 X 精子，不含有 Y 精子。用激素处理过的鱼肉对人体健康有害，在许多国家得不到政府与消费者的认可，难以推行。

三系配套技术控制鱼类性别 所谓三系是指原系、转化系和雄性纯合系。目前，利用三系配套技术最为成功的是莫桑比克罗非鱼的性别控制，其做法是：

①选择自然群体中的原系雄性莫桑比克罗非鱼，用苯甲酸雌二醇诱导出雌性雄鱼：

$$\underset{\text{原系雄鱼}}{XX\ ♂}\xrightarrow{\text{雌激素}}\underset{\text{转化系}}{XY\ ♀}$$

②转化鱼与自然群体中的正常雄鱼交配，获得雄性纯合系（超雄鱼）：

$$\underset{\text{转化系}}{XY\ ♀}\times\underset{\text{原系雄鱼}}{XY\ ♂}\longrightarrow\underset{\text{雄性纯合系}}{YY\ ♂}\quad(1/4)$$

③雄性纯合系再与自然群体中的正常雌鱼交配，获得全雄鱼：

$$\underset{\text{雄性纯合系}}{YY\ ♂}\times\underset{\text{原系雄鱼}}{XX\ ♀}\longrightarrow\underset{\text{全雄鱼}}{YY\ ♂}$$

通过上述过程，在生产上可以达到大规模生产全雄鱼的目的。但第二步中通过转化系与原系雄鱼交配后只有 1/4 为超雄鱼，其中雄鱼中有 1/2 为纯合系，这为筛选工作带来了困难。因此，人们已将一部分超雄鱼（YY）再转化为雌鱼：

$$\underset{\text{雄性纯合系}}{YY\ ♂}\xrightarrow{\text{雌激素}}\underset{\text{雄性纯合系转化系}}{YY\ ♀}$$

然后两者相互交配即可获得100%超雄鱼，从而省去了筛选这一步骤。全雄莫桑比克罗非鱼比自然两性群体生长快40.6%，群体产量提高46.0%。

种间杂交 通过鱼类的种间杂交以获得单一性别的群体，这是某些鱼类人工不育的单性养殖方法之一，在罗非鱼养殖中最为普遍，如雌性莫桑比克罗非鱼与雄性奥利亚罗非鱼杂交可产生出

图29 通过鱼类的种间杂交可获得单一性别的群体

100%的雄鱼，雌性尼罗罗非鱼与雄性奥利亚罗非鱼杂交也同样产生出100%的全雄罗非鱼。这主要是罗非鱼中存在两个雌（W. X）和两个雄（Y. Z）性染色体。在自然界中鱼类存在ZW♀-ZZ♂以及XX♀-XY♂性别遗传机制。因此，罗非鱼种间杂交获得全雄鱼，实际上是鱼类两大类型之间杂交获得全雄鱼，即XX♀×ZZ♂→XZ♂，

表现出和 XY 一样的特点，所以是全雄鱼。目前，在实际生产应用中，正是采用了这种原理来生产全雄鱼，从而提高了罗非鱼的产量。

诱导雌核发育和雄核发育获得单性鱼 所谓人工诱导鱼类雌核发育，就是先将鱼的精子用紫外线、χ 射线、γ 射线等使精子的遗传物质失活，但精子仍可进入未受精卵内激活卵子，而不参与遗传物质。因此，诱导雌核发育的结果，就性染色体为 XX-XY 型的鱼类来说，后代全部是雌性的，而且后代的遗传物质完全来源于母本，属母性遗传，基因型是高度纯合的，这不仅为选育良种提供了快速手段，而且为控制鱼类的性别开辟了新的途径。

雌核发育产生单性鱼的方法主要是通过以下途径来实现的：

先是通过物理方法如紫外线，χ、γ、α、β 等射线使精子的遗传物质失活，但精子仍具有活力，可以激活卵子，但此时“受精”后，由于精子染色体已失去，如不进行染色体加倍，将会出现雌核发育单倍体。要想使雌核发育单倍体能变为具有正常生活能力的二倍体，通常采用的方法是：当卵子“受精”后，会排出第二极体和进行第一次卵裂。而第二极体也具有同样一套染色体组，如果能将它留在卵内，使它与卵核结合就会变成二倍体，这种二倍体叫做第二极体二倍体；如果细胞发育至后期，在进行细胞分裂时，采用一种方法使细胞停止分裂，使两个细胞中的染色体合并为一个细胞，从而使染色体加倍，通过这种方法而获得的二倍体叫做有丝分裂二倍体，这种二倍体比第一种二倍体的基因更加纯合，为 100% 的纯系。阻止第二极体排出卵外和阻止第一次有丝分裂通常是采用温度休克和压力休克来实现的。例如，卵子在 25℃ 时正常发育，当发育到适当时候，用 40℃ ~42℃ 的亚致死温度进行处理，这时受精卵在受到外界条件的刺激后，会产生休克，然后恢复正常，此时，第二极体或第一次有丝分裂会重新开始，使正在复制过程中的染色体加倍成为二倍体，继续分裂后会产生二倍体。或者在发育过程中，用较高的静水压，使卵子在短期内外部压力升高到极高的限度，这时候也会出现和温度休克同样的现象，并且加倍的效果很好，卵子所受的损伤比温度休克所受的损伤要小。通常情况下，温度休克包括冷休克和热休克两类，冷休克常采用0℃～3℃，热休克是指在较高温度下休克。但对于不同的鱼加倍时所采用的休克条件差别较大，很难说有统一的标准。

到目前为止，采用雌核发育技术已生产出了鲤鱼、鲫鱼、泥鳅、斑马鱼等几十种鱼类，在我国全雌鲤的生产已产生了较好的经济效益和社会效益，并且利用有些鱼的天然雌核发育来进行生产应用是十分成功的。例如目前广泛采用的银鲫，异育银鲫、高体鲫，复合四倍体银鲫等品种或品系，已完全取代了过去的常规鲫鱼品种，产生了巨大的经济效益，并且已完全被社会所接受和认可，受到了广大渔民和消费者的欢迎。

阉割控制鱼类性别 通过阉割来控制鱼类性别，只是实验室的工作而已，要想用于生产是比较困难的。

7. 鳖的产量能翻番吗?

鳖，俗称甲鱼、脚鱼、团鱼、王八。人类对它的利用历史久远，随着现代科学技术的发展以及人们生活水平的提高，对鳖的利用更为广泛。在食用方面，由于100克鳖内中含水分80克、蛋白质16.5克、脂肪1克、碳水化合物1.6克、钙107毫克、磷135毫克、铁1.4毫克、硫胺素0.625毫克、核黄素0.37毫克、烟酸3.7毫克、维生素A13国际单位，并且含有人体所需的各种氨基酸和不饱和脂肪酸，所以营养价值高，而且味道鲜美。做成的名贵佳肴有：鹿茸甲鱼、人参甲鱼汤、四喜甲鱼、“霸王别姬”等。在药用方面，鳖全身可入药，可治疗多种疾病，并有一定的抗癌、防止白细胞减少等作用，是许多名贵中药及滋补药的主要原料。鳖还是水族馆的观赏动物之一。鳖的用处很大，要想使它的产量翻番，先要了解鳖的特征和习性以及对养殖条件的要求，从中找出影响产量的关键问题，加以研究解决。

鳖的特征

鳖在分类上属于脊索动物门爬行纲，外部形态可分为头、颈、躯干、尾、四肢五部分。其体表外层覆盖以柔软的皮肤，而不像龟那样具角质盾片，体表多为灰绿、灰黄或暗黑色，也偶有红色、橘黄色的鳖，一般称之为“金鳖”。鳖没有牙齿，但具角质喙；头、颈部可完全缩入壳内；躯干背甲边缘的结缔组织发达，称“裙边”；雄性的尾部比雌性的尾部长，由此可鉴别雌雄。

鳖的习性

鳖生性好斗，常互相攻击，平时喜栖息在底质为淤泥的河流、湖泊、水库及池塘中，正常情况下，每隔数分钟就到水面上呼吸空气一次。在天然条件下，生长温度范围为20℃～35℃，最适温度范围为27℃～33℃，当水温降至20℃左右时，食欲与活动逐步减弱，在15℃左右时停食。当水温降至12℃左右时，即钻入水底泥沙中冬眠。早春水温达到15℃以上时开始复苏，20℃以上逐步转入正常生活。其活动规律在民间称为“春天发水走上滩，夏日炎炎柳荫潜，秋季凉了入石洞，冬季严寒钻深潭”。此外，当天气晴朗，阳光强烈时，常爬到岸滩和岩石上晒太阳，俗称为“晒背”，即在岸滩上，其头足伸出，背或腹对着阳光，表现出一种非常舒展的样子。如果不具备晒背的场地，鳖会因生物失常而患病，也可能出现“淹死”的情况。因此，晒背设施在任何养殖方式中都是不可少的。鳖在白天除了晒背外，一般在水中活动居多，而夜深人静时，则游向岸边爬动、觅食。

鳖通常能活很长时间，但其寿命究竟有多长尚无确切数据，有人认为活100年是没问题的，中国自古以来都讲“千年的王八万年龟”。近年发现鳖的肩胛骨上有疏密相间的纹理存在，该数目与实际年龄是一致的，可依此进行鳖的年龄鉴定，但取得肩胛骨必须将鳖杀死，所以这种方法只能在特定的条件下使用。

在产卵季节，鳖常在天亮前爬到沙地上产卵。一只亲鳖每年可产卵3~5次，每次产卵数枚到数十枚不等。产完卵后，雌鳖用沙将卵埋好，伪装得与周围环境相似。

养鳖场

根据鳖的生态习性、生产方式、生产规模、设计养鳖场。养鳖场必须具备以下条件：

①供水：要求水中溶氧高于4~5毫克/升，pH值为7~8，透明度为20~25厘米，含盐量在千分之五以下，氨的含量不超过百万分之五十，绿色，无污染。

②饵料：鳖是偏动物饵料的杂食性动物，要求饵料来源充足，供应要方便，质量符合鳖的营养需要。

③土质条件：要求养鳖池能保水，不能完全排干。

④鳖喜欢在温暖而安静的环境中生活，因此，应选择阳光充足，环境安静，不受干扰，生态协调的地方。

养鳖应根据不同大小进行分级、分池饲养。一般养鳖池可分为仔鳖池、幼鳖池、成鳖池和亲鳖池。不同的养殖方式，这四类池的比例各不相同。一般情况下，常温自然养殖，仔、幼、成、亲鳖池的面积比为1∶3∶20∶6；全控温集约化养殖，四类池的比例为1∶3∶10∶4。除了养鳖池外，一个比较完善的养鳖场还必须有排灌水系统、管理房、仓库、饲料加工房和生产用具室等。若是温室养鳖，还应有相应的设备。

鳖的分段养殖

亲鳖 选用个体大、体质好的亲鳖，按雌雄4∶1的比例放入亲鳖池。要注意的是：亲鳖放养前池子应彻底消毒，生产中常用生石灰、漂白粉等药物消毒。亲鳖的放养量每亩（666.7平方米）宜控制在300千克之内。同时应多投喂鲜活及优质配合饲料，这样有利于亲鳖的性腺发育。

仔、幼鳖 刚孵出的仔鳖，经1~2周的精心暂养，待完全转入正常摄食状态后再转入仔鳖正式饲养阶段或运输。仔、幼鳖的养殖方式通常可采取加温养殖，“两头加温”养殖和常温养殖。养殖过程要注意投饵（要“四定”：定时、定量、定质、定位）和及时分级饲养。

成鳖 放养前要注意鳖池的修整与消毒，并对幼鳖的数量和规格进行检查，以便制订放养计划和分级饲养。自然常温放养时间多选在4月中下旬或5月上旬，水温稳定在20℃以上时进行，同时要对幼鳖进行药物浸洗消毒，并注意放养密度，加强水质管理。

不论仔鳖、幼鳖还是成鳖和亲鳖，都应注意病害的防治。

温室养鳖

鳖为变温动物，其生长速度主要受温度和饵料的制约。加温养鳖不仅可提高生长速度，还可以提高成活率。养鳖的温室种类很多，常见的有：塑料棚温室、砖混结构温室、玻璃或树脂板温室、地下温室。温室的热源可采用锅炉加温、地热水、工厂（电厂或其他工厂）余热。在投资能力允许的条件下，温室内的池水应稳定在28℃左右，而且要操作方便，符合鳖的生态要求。根据《长江日报》报道，武汉市1992年成鳖总产量不超过10吨，而鳖的需求量大，价格很高。1993年年初，武汉市水产部门根据市郊中小型湖泊多、市场上需甲鱼量大的特点，从日本引进控温养殖技术后，一批国营、集体和个人的“甲鱼工厂”相继建成。自然常温条件下，1只500克的鳖要长3~5年，工厂化控制养殖后，一只幼鳖只要14个月便可长到500克，比天然养殖缩短约3年，可见控温养殖是提高产量的关键。因此，1996年成鳖产量达182吨，仅4年时间使武汉市鳖产量增长17倍。由于工厂化控温养殖，鳖得到多倍增长，也满足了人们的生活需要。

8. 动物性别控制技术

动物性别的雌雄之分保证动物通过有性繁殖繁衍后代。在动物界，雌雄个体的比例一般总是一半对一半。但是，在动物生产中，不同的生产目的，就要求饲养不同性别的动物。例如，养奶牛就希望多生母犊；养蛋鸡的就希望多孵化出母雏；要想多产鹿茸，就希望多生公鹿；在商品猪的杂交生产中，对于父本品种就希望多产雄性，对于母本品种则希望多产雌性。为了降低生产成本，人们期盼减少那些不需要的性别个体出生。因此，长期以来，人们一直在探索如何控制动物的性别。为了解决这一问题，还得从动物的性别是怎样形成的谈起。

动物的性别是如何形成的

动物的性别是由遗传决定的。对于哺乳动物（如猪、马、牛、羊和鹿等），雄性个体的睾丸中能产生两类精子：一类是带 X 染色体（染色体是遗传物质的携带者）的精子，另一类是带 Y 染色体的精子。雌性个体则只能产生一种带 X 染色体的卵子。雌雄个体交配后，如果带 X 染色体的精子与卵子受精后就会形成 XX 雌性个体；如果带 Y 染色体的精子与卵子受精后就会形成 XY 雄性个体。对于禽和鸟类，则和哺乳动物正相反，雄性个体只产生一种带 Z 染色体的精子，雌性个体则产生带 Z 染色体和 W 染色体的两种卵子。如果带 Z 染色体的卵子与精子受精，就会形成雄性；如果带 W 染色体的卵子与精子受精就会形成雌性。

严格说来，性染色体决定动物个体的性别还不是本质。性别决定的遗传基础，归根结底是基因。在这方面，对哺乳动物研究得较深入。研究表明：Y 染色体在决定雄性方面具有重要作用，其中，Y 染色体上有一段很小的片段对决定雄性是至关重要的，这个片段称为 SRY（即 Y 染色体上性别决定区段）。

动物性别的形成除了遗传是决定因素外，环境也是重要的影响因素。这里的环境包括内环境和外环境。内环境是指胚胎发育过程中的环境。胚胎在性分化之前在结构上并没有性别之分，在自身分泌的性激素的诱导下便分化成不同性别。在雌性激素的诱导下，分化为雌性；在雄性激素诱导下，分化成雄性。有些较低等的动物，如蛙类和鱼类，在外源激素的诱导下，会产生性反转。

动物性别控制有哪些途径

动物性别控制可在受精前、受精后和受精时三个阶段进行。

受精前控制 受精前对动物的性别控制主要适用于哺乳动物。因为哺乳动物的雄性可产生带X染色体和带Y染色体两类精子。如果事先将这两类精子分离出来，使带X染色体的精子与卵子受精就可得到雌性，使带Y染色体的精子与卵子受精就可得到雄性。人们在试图分离这两类精子方面作了长期的探索与研究，但均未取得突破性的进展。其主要方法有：

①沉降法和密度梯度离心法。这类方法是以带X染色体精子的比重大于带Y染色体精子的假设为前提的。虽研究报道很多，但均未取得满意的结果。

②电泳法。该法以推测这两类精子表面存在电荷差异为根据。虽然有大量的电泳分离精子的报道，但都未得到可靠的重复。

③免疫学方法。此法是利用免疫反应来识别这两类精子，从而达到分离这两类精子的目的。研究证明：在哺乳动物的雄性个体中可以检测到一种微弱的抗原，这种抗原称之为H-Y抗原，产生这种抗原的基因存在于Y染色体上。因此，人们推测：带Y染色体的精子也带有H-Y抗原。如果用制备的H-Y抗体加入到精液中，带H-Y抗原的精子就会与H-Y抗体结合产生免疫反应，从而失去活性。这样一来，精液中保留下来的就是有活力的带X染色体的精子了。然而，试图用这种方法来分离精子的尝试也失败了。

④流式细胞分离法。这种方法利用流式细胞分类仪可将精子分成两类。这种仪器利用超声波振动使精子悬浮液微滴化，从喷嘴喷出，经激光光线照射，测定光散射、荧光强度，同时，通过静电偏振板将精子分成左右两部分（脱氧核糖核酸有差异的两部分）。脱氧核糖核酸（DNA）含量高的那部分就是带X染色体精子，DNA含量低的那部分就是带Y染色体精子（一般认为，这两类精子在DNA总含量上相差2%~3%）。用分离出来的两类精子分别给母畜输精，虽然在牛和猪的某些试验中取得了较理想的结果，但经过这

种装置分离出来的精子活力很差，受胎率低，产仔数少。而且这种仪器分离精子的速度很慢，远远赶不上实际生产的需要。

由此看来，要真正实现两类精子的分离，还有待进一步的研究和探索。

受精后控制 精子与卵子受精后，从遗传基础来看，该个体的性别就确定了，何以能对其性别进行控制呢？表面看来，这类性别控制确实有点“马后炮”，但这种“马后炮”却有较大的实践意义。受精后的性别控制方法有两种。

第一种是对早期的胚胎进行性别鉴定，进而淘汰不需要性别的胚胎，保留所需性别的胚胎，并让其继续发育，直至出生。这种方法已在奶牛业中推广应用。早期胚胎的性别鉴定往往是与胚胎移植结合进行的。例如，在奶牛中，作胚胎移植前对胚胎进行性别鉴定。性别鉴定的方法有：①通过核型分析，直接观察胚胎细胞是否存在 Y 染色体。有 Y 染色体存在，即雄性，否则即雌性。②用已知的 Y 染色体上的特异 DNA 片段（如 SRY）作为探针，探测被检胚胎细胞的 DNA 中是否存在 SRY 同源片段。如果存在，即雄性，否则即雌性。③采用 H-Y 抗原免疫反应。H-Y 抗原的基因在精子中不能表达出来，但在胚胎中，这种基因可表达成 H-Y 抗原。将被检胚胎置于 H-Y 抗体的环境中，免疫反应呈阳性者即为雄性胚胎，免疫反应呈阴性者即雌性胚胎。在上述方法中，特别是第②种方法，检测效率很高，具有很大的推广价值。

第二种是通过外界环境诱导性反转。这一方法适用于较低等的动物（如两栖类和鱼类）。例如，在水温较高（30℃）的情况下，蝌蚪将发育成雄性蛙；当水温为 20℃时，蛙的性别雌雄比例相等。在鱼类利用外源激素诱导性反转已取得成功，并在生产中得到应用。在性分化以前的幼鱼的饵料中分别加入一定剂量的雄性激素（如睾酮）或雌性激素（如雌二醇），作用一段时间后，整个鱼群的性别将分别成为雄性或者雌性。但是，采用这种方法在哺乳类甚至较低等的禽类迄今尚未取得成功的性反转。

受精时控制 受精时刻对动物性别的控制原理是：在受精时

图30　低等动物受精后可通过外界环境诱导性反转

刻，由双亲所造成的一种特定的受精环境（主要是母畜体内特别是子宫内的生理环境，也包括公畜的精液对子宫内环境的影响）使精子与卵子的结合具有某种选择性。这里所指的选择性有两种含义：一是带X或带Y染色体的精子对卵子的主动选择，二是卵子主动对某类精子的选择。当某种体内环境有利于带X染色体的精子结合时，则雌性后代比率高；反之，则雄性后代比率高。

前人的大量统计资料和研究表明：亲体的生理状况对子代性别比率是有影响的。例如：亲体内的酸碱度（pH值），偏酸者多产雌，偏碱者多产雄。离子浓度，有人认为，钠、钾离子浓度高者，有利于生雄性；钙、镁离子浓度高者，有利于生雌性，也有人认为镁离子有利于生雄性。激素（包括雌激素和雄激素等）对子代性别比率也有较大的影响。此外，影响子代性别比率还包括许多环境因子。例如，亲本（参与繁殖过程的雄性和雌性个体的总称）在应激（受到环境变化的刺激）状态下，子代雌性比率增加；雌亲体中能量和蛋白质比例对子代性别比率也有影响，能量高者多生雌，蛋白质含量高者多生雄。还有，繁殖季节、亲本的年龄、胎次也能影响子代性别比率。总之，亲本所处的外界环境条件对子代性别比率的影响归根结底是通过亲体的一种特定生理环境而作用于受精过程的。因此，只要能确定影响子代性别比率的这种亲体的特定生理状态的内涵，那么，就可以通过人为地调节，达到或接近这种特定的生理状态，从而实现控制动物性别的目的。人类很久以来就感知到亲体状态以及多种环境因素对子代性别比率的影响这一现象，但为什么至今在实践中还不能通过这一途径来有效地控制动物性别呢？原因就在于没能认识这种特定生理状态的本质。仅从单个因子去控制性别，往往是一种情况下偶然成功，而在另一种情况下，由于某种与上述因子起拮抗作用的，且被忽视了的未知因子的负效应致使试验归于失败。尽管如此，这一控制动物性别的途径仍有广阔的应用前景。这一途径在理论上是有依据的，已取得的研究成果也是令人信服的。一旦取得成功，它或许会成为一种最廉价、最方便的控制动物性别的方法。

9. 激素调控在渔业生产中的应用

自 1958 年我国科学工作者运用注射鲤鱼脑垂体的方法获得四大家鱼（青、草、鲢、鳙）人工繁殖成功，解决了养殖生产中家鱼苗种的来源以来，便开始了采用“激素调控”原理来促进与调节渔业生产发展的新篇章。通过人工方式向鱼体注射或饲喂外源性激素，辅以控制生态环境等条件，来改变和协调鱼体内各器官、系统生命活动的进程，以便获得高产、优质的水产品。

激素与生殖

“激素调控”用于控制鱼类生殖活动主要是利用外源性激素对鱼类及其他水产养殖动物进行人工繁殖、人工性别控制和加快亲本的培育。要弄清这些生产措施的原理，还需从鱼类生殖器官的内分泌功能谈起。

性腺及其激素 鱼类生殖器官是指雄性的精巢和输精管以及体内受精鱼类的交接器；或者是雌性的卵巢、输卵管及某些鱼类的产卵管。精巢（也叫睾丸）和卵巢除了能分别产生精子和卵子外，还能分泌许多性激素，所以它们又叫做性腺。比如精巢可以分泌雄激素、孕激素；卵巢则分泌雌激素、孕激素和雄激素。雄激素在雄鱼中能促进精子的发生，促进蛋白质的合成；刺激和维持性器官的生长和发育；维持第二性征。在雌鱼中，它又是雌激素合成的前身物，所以有时在雌鱼的血液中可以检测出很高浓度的雄激素；它还可以和脑垂体分泌的促性腺激素一起诱导卵泡分泌孕激素，促使卵子成熟或排卵同时还能刺激雌鱼产生性行为。当雌鱼将孕激素排入水中时，可以吸引雄鱼，并促进雄鱼脑垂体分泌大量促性腺激素以加快其性腺发育和成熟。雌激素能促进卵巢内的卵原细胞增殖、发育成卵母细胞并进入卵黄期，与卵子的卵黄积累密切相关。能刺激产卵后的卵巢再度发育。雌激素也能刺激输卵管，产卵管之类的雌性附性器官的发生和维持。多数鱼类雌鱼大于雄鱼，少数鱼类（如罗非鱼）雄鱼大于雌鱼。但如果给雌鱼注射雄激素可以使雌鱼转变成雄鱼，给雄鱼注射雌激素也能使雄鱼转变成雌鱼，这种过程都叫性转变或性反转。

在生产上将雌鱼和雄鱼混养，常由于生殖活动频繁，会消耗很大一部分能量，不利于鱼类生长。进行单性养殖虽好，但仔鱼期是很难辨别性别的，因此，可以采取给仔鱼口服性激素，促使鱼体发生性转变。目前人工诱导性转变已经成功的有金鱼、鲶鱼、罗非鱼、鳟鱼、红点鲑等。需要注意的是，人工诱导性转变愈早愈好。

大部分鱼类是雌雄异体，由不同个体分别产生精子或卵子，还有少数鱼类是雌雄同体，同一个体中既有精巢又有卵巢。雌雄同体的鱼类又有三种情况：①两种性腺同步发育，精子和卵子同时成熟可以自体受精，如鳉科鱼类。②雌性先成熟，即卵巢先成熟成为雌性，而精巢后发育而变为雄性，黄鳝属于此类。③雄性先成熟，即精巢先于卵巢发育，而后是卵巢发育成熟，如鲷科鱼类。在自然条件下，这种性转变的时间通常很长，加上这些鱼类很难长期养殖，因此，很难得到性转变后的成熟亲鱼，给人工繁殖带来诸多不便。因此，利用外源性激素促进这些鱼类的性转变，将有利于它们的人工繁殖和资源的保护。

脑垂体及促性腺激素 鱼类的脑垂体可以分泌两种促性腺激素：一种能刺激卵黄蛋白渗入正在发育的卵细胞内完成卵细胞的卵黄积累，促进卵泡分泌性激素，叫促卵黄生成素。另一种促性腺激素能促进卵细胞成熟和排卵、精子的生成和排精，促进性腺类固醇激素的合成，因此又叫促性腺成熟激素。

下丘脑—脑垂体—性腺轴 在自然条件下，下丘脑的一些神经细胞可在温度、光照、流水、异性的刺激下分泌促性腺激素释放激素或促性腺激素释放抑制因子多巴胺。促性腺激素释放激素（简称释放激素）可以促进脑垂体的促性腺激素分泌细胞的增殖和分泌促性腺激素。而促性腺激素释放抑制因子多巴胺（简称抑制因子）却能抑制脑垂体促性腺激素分泌细胞分泌促性腺激素。二者作用于脑垂体的促性腺激素分泌，协调控制促性腺激素分泌细胞的分泌活动。

另外，性腺分泌的性激素对脑垂体的促性腺激素分泌细胞的活动具有反馈性调节作用。我们将下丘脑、脑垂体、性腺三者间的关系称为下丘脑—脑垂体—性腺轴。由它们协调、控制着鱼类的排卵、排精活动。如果该轴上的任何一个环节发生改变，便使三者间的平衡关系打破，而影响鱼类的生殖活动。

在蓄养条件下，特别是雌鱼常常由于某些生态环境刺激强度不够，而产生滞产，即卵细胞不能由第Ⅳ期顺利过渡到第Ⅴ期获得成熟的卵子。如果采用人工注射外源性激素增加它们在血液中的浓度，从而改变下丘脑—脑垂体—性腺轴上三者间的制约关系，而获得人工催产成功。目前使用的激素有以下几种：

一是鲑促性腺激素释放激素（SGTnRH）及促性腺激素释放激素类似物（LRH-A）。给亲鱼注射鲑释放激素及其类似物，能增加血液中的释放激素含量，从而促进腺垂体促性腺激素分泌细胞释放促性腺激素。促进性腺发育、成熟、排卵或排精。

二是多巴胺拮抗剂（RES）和马尿酸地欧酮（Dom）。它们能明显阻止与抵消下丘脑分泌的促性腺激素释放抑制因子多巴胺对脑垂体促性腺激素分泌细胞的抑制作用，或耗竭多巴胺。明显增强释放激素的作用，或直接引起脑垂体促性腺激素分泌细胞的分泌活动。

若将多巴胺拮抗剂与释放激素或类似物同时结合使用，可使催产效果更好。目前市场上出售的一种高效鱼类催产剂即是马尿酸地欧酮与鲑促性腺激素释放激素类似物的合剂。

三是脑垂体提取液（PG）或绒毛膜促性腺激素（HCG）。脑垂体提取液催产的有效成分是其中的促性腺激素；绒毛膜促性腺激素是由哺乳动物的胎盘分泌的一种激素，它们都可以促进鱼的卵母细胞成熟、诱导排卵。由于促性腺激素是一种含氮类大分子量的激素具有种间差异，所以一般以同种或相近种类的脑垂体提取液进行催产效果更佳。

四是其他类型的激素。如孕激素、皮质类固醇都可诱导卵细胞最后成熟。前列腺素也能刺激已消失卵核的成熟卵泡收缩，导致排卵。抗雌激素药物如克罗米酚、雌性特异蛋白（FSP），都可抵消内源性雌激素的负反馈作用而诱导促性腺激素的分泌而达到催产效果。

上述各类激素因在下丘脑—脑垂体—性腺轴不同环节上对靶腺（性腺）发挥作用的，因此它们的效应时间长短也各不相同，这在人工繁殖过程中也是必须注意的。在进行人工繁殖过程中若能适当注意环境的温度变化，加上流水刺激等也可以大大提高催产的效率。

环境因子对鱼类生殖活动的影响 鱼类性腺周期性变化的形成受环境和季节变化的影响。这季节变化包括光照和水温。光照的周期和温度明显地影响着性腺发育的进程。对于秋季产卵的鱼，采用缩短光照、适当保温可以促进鱼提早性成熟，提早产卵。而对春、夏季产卵的鱼类，延长光照可以增强温度效应，使鱼的性腺提早成熟、提早产卵。这样在一年之中可以延长鱼种生长时间1~2个月，从而提高鱼种的产量。

激素与生长

在鱼类的内分泌激素中有些能明显促生长，如生长素、性激素、甲状腺素。有些人工合成的激素对生长的促进作用比天然激素大得多。有的已在生产上应用。例如给虹鳟腹腔注射提纯的大麻哈鱼的生长素，其摄食活动明显活跃，用牛的生长素处理一龄银大麻哈鱼能使其生长率提高2~6倍。不同哺乳动物的生长素对鱼类促生长作用不同，此外水温对生长素的效应也有影响，一般春季注射生长素的促生长作用效果明显，而在夏季注射，效果便不明显，其原因可能是夏季因水温较高，鱼类本身分泌的生长素已能满足生长的需要。

性激素也有一些促进生长的作用，有些人工合成的性激素类似物，对生长的促进作用远远超过对性腺的作用，如17α-甲睾酮、己烯雌酚等。这些人工合成的性激素可以掺在饵料中口服，因为它不会被消化酶破坏。

甲状腺素对生长的促进作用，不如生长素和人工合成的性激素，但把甲状腺素与其他生长素合用，促进生长效果较好。

人造性激素和甲状腺素的使用剂量必须严格控制。

10. 珍珠生产及珍珠深加工的奥妙

珍珠，璀璨晶莹，玲珑剔透，自古以来就与翡翠、宝石、琥珀齐名，是一种华贵的装饰品，制作项链、胸针、发饰、耳坠、手镯、戒指等，极为秀丽美观，令人赏心悦目。

珍珠营养丰富，除主要含有碳酸钙等无机物外，还含有人体所需的多种氨基酸和微量元素，是一种名贵的中药材，具有镇心安神、平肝潜阳、养阴熄风、清热坠痰、解毒生肌、滋生健身等药理功效。用珍珠配制成的珍珠丸、珍珠散、六神丸、八宝眼药、珍珠八宝丹等20余种常用药物，可以治疗内、外、小儿、眼、喉等多种疾病。把珍珠粉碎或溶解（酶解）后配制成的珍珠美容霜、珍珠痱子水、珍珠百花油、珍珠口服液等具有润肤、美容、保健、防衰老等独特功效。

图31 珍珠是一种名贵的中药材

珍珠既可以天然生产，也可以人工育成。自然环境下的贝含珠率极低。我国是珍珠养殖的发源地，早在11世纪就发明了淡水珍珠的人工养殖法，13世纪时便育出了举世闻名的“佛像珍珠”。如今，无论是千姿百态的象形珍珠，或是五光十色的彩色珍珠，还是神奇玄妙的夜明珠，更不用说是一般的无核珍珠，都可以用贝类培育出来。

珍珠其实是普通贝类体内分泌的一种产物，是一种比重在2.7左右、硬度为3.5~4级、具有壳角硬蛋白的霰石型结晶体。珍珠中的金属元素，与珍珠的色彩有着密切的关系。如含铜和银较多的珍珠，一般呈现金黄和奶油色，含钠和锌较多的珍珠则呈现出肉色和粉红色。珍珠的表面是一层光彩的角质素，水分多胶含在其中。珍珠的名贵之处，全在于所含水分能使其闪亮生辉。光泽优良的珍珠，可以发出闪耀的珠光。

海贝或河蚌的身体外面包有一个由外表皮细胞、结缔组织和内表皮细胞三层结构组成的外套膜，具有分泌珍珠质的功能。天然珍珠的形成可以是偶然侵入蚌体内的外界异物（沙粒或小虫），也可以是因受伤脱离或发生病变而进到结缔组织的蚌的外表皮细胞本身。贝类受到刺激后就会做出保护性反应，在外套膜内形成一个珍珠囊。囊内开始为酸性，分泌有机物壳角蛋白，形成珍珠粒，继而转变为碱性，分泌出方解石型结晶，并在珠核外层沉积成为棱柱层，最后表现为中性，分泌出霰石型结晶即珍珠质，沉积在棱柱质的外层。珍珠质越积越多，把小虫儿、沙粒儿、细胞小片等包围起来，日久天长，便在囊内分别形成了天然的有核珍珠和无核珍珠。人工育珠，就是根据天然珍珠这种形成原理，向贝体内人为地加入人工珠核或细胞小片。给贝类插核，好比做一次精细的外科手术。要看准贝自然张开的空隙，用器械把两片贝壳撑开，把事先准备的经过名叫“PVP”激素处理的细胞小片先送入贝体的插核部位，随即把人工核插入，要恰好放在细胞小片上。这个细胞小片对珍珠的形成有重要作用，把它同核一起插入贝体内以后，它就沿核的边缘逐渐生长，把核完全包住，并且不断分泌珍珠质，一层层附在核上。这样形成的是有核珍珠。若是把珠核预先制成各种形象的像模，如人物、花、鸟、风景等浮雕或图案，则形成象形珍珠。无核珍珠只用插入细胞小片。

手术后的贝类要精心管理。在正常的养殖条件下，用三角帆蚌作为育珠蚌培育淡水无核珍珠，一般需养殖2～3年，即经历三个夏天和两个冬天。珍珠的成长以第二年和第三年最为显著，以后长势下降。用褶纹冠蚌培育淡水无核珍珠，养殖两年即可采收，若不及时采收，还会因珍珠生长较快而胀破外套膜表皮，出现掉珠甚至死蚌。养殖有核珍珠要比养殖无核珍珠的年限短一些，如4～5毫米直径的珠核，一般养殖1.5～2年即可收珠；只有直径在6毫米以上的珠核，才需要养殖2~3年或更长一点的时间。

珍珠的优劣及其价值的高低，目前主要是根据其形状、大小、色彩、光泽等来评定。形状愈圆愈值钱；珍珠的颗粒愈大，价值愈高；珠光愈强、自然色彩愈鲜艳，其价值也愈高。

一般来说，人工养殖的珍珠不经加工直接就能做装饰品、工艺美术品的珍珠很少，大部分需加工才有使用价值。我国自古以来就能巧妙地进行珍珠加工，至今还有许多珍珠加工品成为珍宝保存下来，如从明代万历陵墓出土的、装有5000多颗珠宝的明代凤冠。

加工分物理加工（如打孔、漂白、增白、调色、染色、抛光等）和化学加工（用化学药品除去附着物、漂白、染色）。采下的珍珠，必须立即洗涤，否则附在珠表的组织黏液和污物凝聚后，会使珍珠失去光泽，甚至氧化变质，然后用有机酸、硫酸、盐酸的稀释液将不良部分去除掉，用研磨剂也能达到目的。珍珠由于生产贝的种类、生活环境的变化，有时会产生特殊的色彩。普通珍珠都是白色光泽的，得到人们的珍爱，其他的色泽因民族的习惯不同而受到喜爱，故可把原来的色泽漂白后再另外染色，然后钻孔、串珠。

等外珠、盐珠、附壳珠、畸形珠、焦头珠、空心珠、薄皮珠、皱纹珠、刺毛珠、暗光珠及骨珠虽不能用作装饰品，但经化学抛光后可供珠核之用，还可深加工成碎片、细粉提取珍珠液，可进一步制成多种珍珠化妆品（如珍珠霜、珍珠液、珍珠膏、珍珠蜜）、珍珠保健品（如珍珠百花油、珍珠止痒水、珍珠痱子水、珍珠营养发水）、珍珠营养品（如珍珠酒、山珍酒、珍珠可乐、珍珠口服液）。这些产品不仅繁荣了市场，丰富了人民的生活，也大大提高了等外珠的利用价值，开拓了珍珠利用的新途径，促进和美化了生活。

育珠中大量废弃的贝壳，洗净后不仅可以用来制纽扣、珍珠核、贝雕工艺品、电石石灰等，也可以同等外珠一样用来制药品、食品和日用化学品，据化验分析，蚌壳的珍珠层与珍珠为同一物质，其光泽、硬度及化学成分均相同，只不过形状不同而已，前者为片层状，附着于贝壳内，后者为球形游离于贝壳之外的蚌体内。所以贝壳的珍珠层是同质同效的珍珠代用品，用它制成的药品，无论内服还是外用，均无任何毒性及不良副作用，不仅疗效好，而且价格较低，资源丰富。

珍珠粉的获得是将等外珍珠和去角质层和棱柱层的贝壳放在漂白粉溶液中消毒，然后用清水冲洗、晒干后入粉碎机中粉碎（粉碎过程中机器不能发热）。粉碎成的粉末用振动筛过筛，按不同要求筛成细度为200目、250目、320目的珍珠粉。

提取珍珠液则是将固体的珍珠粉变为液体的过程。其工艺流程为：

①用浓盐酸清除钙离子。珍珠粉中含有大量的钙，要将珍珠粉提纯出珍珠液，首先要提纯出壳角蛋白，壳角蛋白中不能存在钙离子，因此，利用珍珠粉可以溶解于酸的性质，加入浓盐酸即可清除。

②洗涤。将与浓盐酸反应过的母液沉淀后，吸出上清液加入数倍纯水、反复搅拌。重复操作数次后，取出上清液，用草酸试剂测定无钙离子，然后将洗出的清液弃去。

③过滤。取洗涤过的母液用滤纸过滤，得到胶状物即为壳角蛋白。

④水解、驱酸。根据壳角蛋白在水解作用下可转化成可溶性的氨基酸，将过滤后的壳角蛋白加入一定量的盐酸，回流水解24小时以上即转化成氨基酸。然后放在火上加热、驱去氯化氢气体，最后浓缩。

⑤定氮、脱色。将半固定的溶液加适量的纯水过滤、定氮。测得总氮量后，取与总氮量相等的活性炭加入，搅拌、过滤脱色。

珍珠原液的提取是为其他液态产品打下物质基础。经检验，珍珠原液里保留了十几种氨基酸和微量元素。

我国江河沟渠纵横，可利用的贝类资源十分丰富，凡能人工养鱼的水域均能用于养蚌育珠。我们愿这一点金插银的养殖业得到长足发展，愿珍珠加工业更加繁荣。

11. 谈谈配合饲料与猪的营养需要及配方

在发展畜牧业中，人们对配合饲料非常重视。那么，什么是配合饲料呢？所谓配合饲料是指根据动物的不同品种，不同生理阶段和不同生产性能对各种营养物质的需要，将多种饲料原料按配方及生产工艺的要求，生产成均匀一致，营养价值完全的饲料产品，又称为全价配合饲料。全价配合饲料是饲料工业的成品，可以直接饲喂动物。

饲料的分类

按营养和用途的特点，配合饲料可分为：

添加剂预混料　简称预混料，是指用一种或多种微量添加剂（如氨基酸、维生素、微量元素以及非营养性添加剂如抗菌素、风味剂、抗氧化剂、防霉剂等），加上一定量的载体或稀释剂经混合而成的均匀混合物。它既是大型或专业饲料厂生产的中间产品，又可作为中小饲料厂或养猪场（户）生产全价配合饲料或浓缩饲料的原料。按添加剂种类的多少，预混料又可分为单一预混料（如某种或多种维生素预混料，微量元素预混料）和复合预混料。复合预混料是指由微量元素、维生素、氨基酸等营养性添加剂和非营养性添加剂中两类或两类以上的成分组成的预混料。在全价料中的用量为0.25%~3%。现市售的用量为4%的超浓缩饲料，是在预混料的基础上添加了常量矿物元素的一种商品饲料（如正大康地4312系列、岳阳正大SB系列等）。因此，在配合浓缩饲料或全价饲料时不需再加入常量矿物元素（如钙、磷及食盐等）。

添加剂预混料又被称为配合饲料的“心脏”，它既起到补充和平衡营养的作用，又能增强饲料的品质，但预混合饲料不能单独用来饲喂家畜和家禽，必须与其他能量饲料和蛋白质饲料配合，才能形成全价饲料。

浓缩饲料　它是由预混合饲料加上蛋白质饲料和常量矿物质饲

料而配成的混合物。饲料厂或饲养场（户）加入一定比例的能量饲料后就可以配成营养完全的全价配合饲料。全价料中浓缩料的用量一般为20%左右（根据畜禽的生长阶段不同适当增减），也不能直接饲喂畜禽。

配合饲料 用预混料加入常量矿物元素（超浓缩料不加）、能量饲料和蛋白质饲料；或浓缩料加上能量饲料后，配成的营养完全、均匀一致的混合物。成品直接喂畜禽，不需再加任何饲料或添加剂。

按饲料形状分类，可分为：

粉状饲料 生产设备、工艺比较简单，缺点是易引起畜、禽挑食而造成浪费，且贮运中易损耗。粉碎的粒度因畜、禽种类不同而异，过粗过细均不适宜。

颗粒饲料 一般是粉状料经过蒸气、加压处理制成的饲料，密度增大，体积减小，改善了适口性，因而可增加畜、禽采食量，避免挑食，减少粉尘损耗，便于贮存和运输。加之经制粒过程中可加热加压处理，破坏了部分有毒成分，还具有杀虫灭菌作用。缺点是：成本增加；使一部分维生素和酶等失去活性；当干燥不充分时，在炎热潮湿的夏季易发生霉变。但因具有饲料报酬高等优点，颗粒饲料在国外配合饲料生产中占30%以上。颗粒饲料用于饲喂肉用畜、禽，如肉鸡、肉猪、肉牛、鱼类，效果显著，一般可提高增重5%~15%。蛋鸡一般不用，因为容易过食，发生过肥；但在高温季节，采食量下降时，则可适当喂用颗粒饲料。喂奶牛效果不太明显。颗粒大小一般采用的直径范围如下：肉鸡1~2毫米，成鸡4.5毫米，仔猪4~6毫米，育肥猪8毫米，成年母猪12毫米，小牛6毫米，成牛15毫米。颗粒长度为其直径的1~1.5倍。鱼饵颗粒的大小，据鱼体大小而定，生长前期直径约4毫米，生长后期直径约6毫米，颗料长度为其直径的1.5~2.5倍较好。

碎粒料 系将颗粒饲料再经破碎机加工成一定大小的碎粒。对

图 32　颗粒饲料用于畜、禽效果显著

于鸡来说，采食碎粒料比采食颗粒料慢些。它可用于蛋鸡，更适用于雏鸡。

压扁饲料　系将籽实饲料（如玉米、高粱等）去皮（反刍家畜可不去皮），加 16% 的水，通蒸气加热到 120℃左右，然后压成片状，冷却，再配加各种添加剂即成。据日本研究，认为可提高饲料的消化率和能量利用效率，适口性好，畜、禽喜吃，易咀嚼等，多用于喂牛。

其他　如膨化漂浮饲料、块状饲料及液体饲料等。

按喂养对象分类，可分为：

猪用配合饲料　一般可按不同的生长阶段和生产性能分为：①母猪料：妊娠前期，妊娠后期，哺乳期。②种公猪料：配种期，非配种期。③乳猪料（7 日龄 ~15 千克体重）。④仔猪料（15 ~30 千克体重)。⑤生长肥育猪料:按生长阶段分为 30~60 千克,60 千克到出栏两个阶段。

蛋鸡用配合饲料 一般可分为:①生长期鸡料:0~6 周龄,7~24 周龄,15~20 周龄。②产蛋鸡及种母鸡料:21~35 周龄,36~48 周龄,49~72 周龄,并结合以下三种产蛋率:>80%,>65%且<80%,<65%。

肉鸡用配合饲料 一般分为 0~4 周龄及 5 周龄以上。

牛、羊用配合饲料 一般分为产奶料,犊牛料,生长牛料,肉牛混合补料,役牛混合补料,产奶羊混合料等。

其他用配合饲料 兔、貂、鸭、实验动物等的饲料。

配合饲料的优点

用配合饲料来饲养家畜家禽的优点,主要表现在:

①能全面满足畜禽对各种营养物质的需要,最大限度地发挥畜禽的生产潜力,有效地利用饲料和提高饲料报酬。

②能充分、合理、高效地利用各种饲料资源。

③采用工业化方式生产,保证产品均匀一致,饲用安全、方便。

要充分发挥配合饲料的优点,必须及时吸收和运用营养科学研究等有关方面的最新成果,形成合理的配方;同时严格控制原料质量,并不断改进加工设备和加工工艺,以保证生产出质量稳定、效果好的产品。

猪的营养需要

猪的营养需要应包括蛋白质、能量、矿物质及维生素等四方面。

蛋白质 蛋白质是猪的营养中最重要的一类营养物质。一方面,蛋白质在猪体内几乎影响着每一种生理功能,参与着组织的建造与更新,其生理功能是其他营养物质不能替代的;另一方面,蛋白质饲料的供应经常呈现短缺的状况，成为养猪生产的一个重要限制因素。通过合理地饲料配合，可以有效地降低饲料蛋白质水平，降低饲料成本。

氨基酸是构成蛋白质的基本单位。被猪采食的饲料蛋白质，只有被分解成氨基酸才能被吸收利用。因此，猪的蛋白质营养，实质就是氨基酸营养。

在构成饲料蛋白质的20多种氨基酸中，有一些是猪体内不能合成，或合成速度慢，不能满足猪的需要，须直接从饲料中供应的，称为必需氨基酸，而体内可以大量合成的那些氨基酸称为非必需氨基酸。因此，猪的蛋白质需要的实质，就是提供适当数量和比例平衡的必需氨基酸。对生长猪来说，其必需氨基酸包括赖氨酸、蛋氨酸、色氨酸、苯丙氨酸、亮氨酸、异亮氨酸、缬氨酸、苏氨酸、精氨酸和组氨酸等十种。在猪的必需氨基酸中，有一种或几种必需氨基酸，由于数量缺乏可以限制其他必需氨基酸的利用，这一种或几种必需氨基酸称为“限制性氨基酸”。就相对需要量来说最不足的氨基酸称为该种饲料的第一限制性氨基酸。在猪的常规饲料中最容易缺乏的第一限制性氨基酸通常是赖氨酸。通过添加合成赖氨酸，可以降低饲料的粗蛋白质水平，提高蛋白质的利用效率。

在满足了第一限制性氨基酸的需要量后，还应考虑其他氨基酸与赖氨酸的相互比例，即考虑到各种必需氨基酸的平衡。英国农业研究委员会（ARC，1981）推荐的生长猪饲料中氨基酸含量的理想比值见表7。

能量 猪饲粮中能量来源包括碳水化合物及脂肪。碳水化合物：是猪饲料中能量的主要来源，包括单糖、双糖、多糖等。

单糖类，如葡萄糖、果糖、半乳糖等。

双糖类，如蔗糖、乳糖、麦芽糖。

多糖类，如淀粉、糊精、纤维素、半维素、木质素等。

表7 **生长猪饲料各种必需氨基酸的理想比值**

	ARC 推荐理想比值	15 ~ 50kg	50 ~ 90kg
赖氨酸	100%	1. 10%	0. 78%
蛋+胱氨酸	50%	0. 55%	0. 39%
苏氨酸	60%	0. 65%	0. 47%
色氨酸	15%	0. 16%	0. 12%
组氨酸	33%	0. 36%	0. 26%
异亮氨酸	55%	0. 6%	0. 43%
亮氨酸	100%	1. 1%	0. 28%
苯丙+酪氨酸	96%	1. 04%	0. 75%
缬氨酸	70%	0. 77%	0. 55%
精氨酸	—	—	—

由于初生仔猪肠道中含有较多的乳糖酶，能很好地消化母乳中的乳糖。如供给 1 ~ 2 日龄仔猪蔗糖，则引起仔猪严重下痢以致死亡，即使到 7 日龄仍有 60% 的仔猪不能利用蔗糖。因此在配制乳猪人工乳时，对 7 日龄以内仔猪不能用加糖奶粉来配合，而只能用淡奶粉或新鲜牛、羊奶加葡萄糖来配制。当仔猪发生低血糖时，只有葡萄糖是唯一可以有效救活仔猪的碳水化合物。

仔猪体内消化其他碳水化合物的酶活性不高，消化能力有限。但通过膨化，制粒或炒熟等加工方式，可以提高淀粉的消化率。

猪利用粗纤维能力十分有限，应控制粗纤维用量。

脂肪 脂肪不仅是能量的有效来源，而且是脂溶性维生素的载体和必需脂肪酸的来源。饲料中添加脂肪，可增加饲料的适口性，改善饲料的加工性能，减少饲料加工机械尤其是制粒部分的磨损。当饲粮完全由植物性饲料组成，而蛋白质饲料是采用预压浸提的方式加工的产品时，快速生长的断奶仔猪可能发生被毛脱落、皮肤鳞屑状皮炎、颈肩部周围皮肤坏死等主要特征的脂肪缺乏症，其实质是必需脂肪酸的缺乏。当饲粮中亚油酸含量达1%时，可有效预防脂肪酸的缺乏。

图33 快速生长的断奶仔猪可能患上脂肪缺乏症

妊娠后期及泌乳期母猪饲粮中添加脂肪，可以提高仔猪的初生重和母猪的泌乳量及乳脂率，从而提高仔猪育成率和断奶重。

矿物质 具体见表8。

维生素 由于规模化养猪条件下均采用舍饲方式，且由于品种的改良，商品猪的生长速度和瘦肉率提高，对维生素需要有增加的趋势，有必要予以补充。

表 8 猪的矿物质来源

矿物质来源		化学分子式	矿物质		备注
			钙	磷	
钙与磷	石灰粉（碳酸钙）	$CaCO_3$	39%	0	最易利用，通常是最经济的钙来源
	磷酸二钙	$CaHPO_4 \cdot 2H_2O$	20%～24%	18.5%	最易利用
	磷酸一钙	$Ca(H_2PO_4)_2 \cdot H_2O$	16%～19%	21.0%	最易利用
	三磷酸钠或磷酸一钠	NaH_2PO_4	0	25.0%	最易利用
	磷酸	H_3PO_4	0	23.7%	最易利用
	脱氟磷酸盐	$Ca_3(PO_4) \cdot Ca_4P_2O_4 \cdot 2H_2O$	30%～34%	18.0%	由容易至最易利用
	蒸骨粉		26%	12.5%	由容易至最易利用
	低氟磷酸矿		30%～36%	14.0%	利用中等
	软磷酸矿		17%～20%	9.0%	不易利用
铁	七水硫酸亚铁	$FeSO_4 \cdot 7H_2O$	20.1%铁		容易利用
	一水硫酸亚铁	$FeSO_4 \cdot H_2O$	32.9%铁		容易利用
	柠檬酸铁铵		16.5%或8.5%铁		容易利用
	富马酸亚铁	$FeC_4H_2O_4$	32.0%铁		容易利用
	氯化铁	$FeCl_3 \cdot 6H_2O$	20.7%铁		利用中等，吸收水分
	碳酸亚铁	$FeCO_3$	48.2%铁		其利用根据溶解性而定
	氧化铁	Fe_2O_3	69.9%铁		利用有限，用作生产红色
	氧化亚铁	FeO	77.8%铁		利用有限

续表

矿物质来源		化学分子式	矿物质		备注
			钙	磷	
铜	碱式碳酸铜	$CuCO_3 \cdot Cu(OH)_2 \cdot H_2O$	50.55%铜		全部是铜的良好供应源
	氯化铜	$CuCl_2 \cdot 2H_2O$	37.3%铜		
	氧化铜	CuO	79.7%铜		
	硫酸铜	$CuSO_4 \cdot 5H_2O$	25.4%铜		
锰	碳酸锰	$MnCO_3$	49.8%锰		全部是锰的良好供应源
	氯化锰	$MnCl_2 \cdot 4H_2O$	27.8%锰		
	一氧化锰	MnO	77.4%锰		
	硫酸锰	$MnSO_4 \cdot 5H_2O$	22.8%锰		
锌	碳酸锌	$ZnCO_3 \cdot 4H_2O$	56.0%锌		全部是锌的良好供应源
	氯化锌	$ZnCl_2$	48.0%锌		
	氧化锌	ZnO	80.3%锌		
	硫酸锌	$ZnSO_4 \cdot 7H_2O$	22.7%锌		
碘	碘酸钙	$Ca(IO_3)_2$	65.1%碘		全部是碘的良好供应源
	碘化钾	KI	76.4%碘		
	碘化亚铜	CuI	66.6%碘		
硒	亚硒酸钠	Na_2SeO_3	45.7%硒		容易利用
	硒酸钠	Na_2SeO_4	41.8%硒		容易利用

注:表中所有化学分子式的矿物质百分率是指纯的化合物,因此,饲料及矿物质的纯度百分率,必须以表中的百分率去乘,以求得所用原料的元素百分率。

猪的饲料配方设计

配合饲料的基本原则 在进行饲料配合时，必须遵循以下基本原则：

第一，选择适宜的饲养标准。饲养标准是饲料配合的重要依据。按饲养标准所提供的营养指标进行饲粮配合，能基本保证各类猪对各种营养物质的需要。尤其应保证能量、蛋白质、限制性氨基酸（如赖氨酸）、钙、有效磷、必需微量元素等的供应。世界各国的饲养标准很多，如美国NRC和英国ARC《猪的营养需要》等。我国也制定了瘦肉型和肉脂型猪的饲养标准。应根据猪的品种、生产性能、饲养方式及饲料原料的差异等，选择相应的饲养标准。如农村饲养的以大白猪或长白猪为父本与本地品种杂交猪，以我国培育的瘦肉型猪湖北白猪或三江白猪为母本，杜洛克猪为父本杂交生产的商品猪，可参考我国《瘦肉型猪饲养标准》或美国NRC《猪的营养需要》提供的标准。在实际进行配方时，还应考虑原料营养成分的偏差（如水分与成熟度等），饲养对象的表现（如膘情和生长速度等）；季节变化（如酷暑与寒冬等）饲养标准应作相应的调整。

第二，把握原料的营养成分及营养价值。由于原料水分、产地、成熟度以及加工方式的差异等，同名的原料营养成分可能有较大的差异。最好能在饲料配合前对原料的营养成分进行分析，否则可选用已有饲料成分及营养价值表。一般来说，该表应是配方时所参考的饲养标准的附表。

第三，饲料原料的选择。

①经济性。尽量选用营养丰富而价格低廉的原料。

②适口性。所配合的饲料，不仅应营养平衡，适口性好也是十分重要的，因为适口性是影响采食量的重要因素。猪对适口性的要求是甜、香、脆、嫩（指青饲料）等，并注意饲料的加工调制（如粉碎达到适当的粒度，不过细、过粗，或添加一些风味剂、香料等，应控制用量或原料多样搭配）。最重要的是保持各种饲料原

料的新鲜，不发霉变质。

③原料的特性。有些原料中含有不利于猪健康的有毒物质，如棉籽饼中的游离棉酚、菜子饼中的硫苷和芥子碱、高粱中的单宁等；有些则含有影响动物产品质量的物质，如油糠中的不饱和脂肪酸等。在配合饲料时应限量或分阶段使用。常用原料用量范围见表9。

④饲料的体积应与猪的消化道相适应。乳猪、仔猪及种公猪的饲料应该是营养水平高但体积小，而妊娠母猪饲料应比较疏松。

表9　**常用原料建议用量范围**

原料	饲粮中含量				特　性
	怀孕猪	哺乳猪	小猪	生长-肥育猪	
玉米	0～80%	0～80%	0～60%	0～85%	消化能高、适口性好，赖氨酸少
高粱	0～10%	0～10%	0～10%	0～10%	可部分替代玉米，有收敛性，赖氨酸少
酵母（酿酒干）	0～3%	0～3%	0～3%	0～3%	B族维生素来源
大麦	0～80%	0～80%	0～25%	0～85%	部分替代玉米，但消化能稍低
小麦	0～80%	0～80%	0～60%	0～85%	同上
麸皮	0～30%	0～25%	0～15%	0～25%	轻松性，高纤维，轻泻性
脱脂奶粉	0	0	0～10%	0	氨基酸平衡优异，适口性好

续表

原料	饲粮中含量				特　性
	怀孕猪	哺乳猪	小猪	生长-肥育猪	
乳清粉	0	0	0～20%	0	提供乳猪所需乳糖和乳清因子，适口性好
鱼粉（秘鲁）	0～5%	0～5%	0～5%	0～5%	氨基酸平衡优异
豆粕	0～20%	0～25%	0～25%	0～25%	经适当加工后，去掉影响消化的因子，缺乏蛋氨酸
棉粕	0	0	0～5%	0～10%	含有游离棉酚，应限制用量，缺乏赖氨酸和蛋氨酸
菜粕	0	0	0～5%	0～10%	含有硫苷等，缺乏赖氨酸，应限制用量
肉骨粉	0～10%	0～5%	0～5%	0～5%	钙和磷的良好来源，但蛋白质品质变异大

仔猪饲料配方　液态人工乳主要用于初生1周内成为孤儿的仔猪，或者由于产仔过多吃不到母乳的仔猪。可使用下面推荐的人工乳配方：

新鲜牛奶或羊奶　　1000毫升
鸡蛋　　1个
葡萄糖　　20克
矿物质混合液　　5毫升
鱼肝油　　适量
复合维生素B溶液　　适量

在使用上述人工乳配方时，应注意：

①如果没有新鲜的牛奶或羊奶，可用淡奶粉按1∶9加水配成乳汁。特别应注意的是：1周龄以内的仔猪不能用加糖奶粉配制人

工乳，也不能在鲜奶中加入蔗糖，只能用葡萄糖。

②矿物质混合液配方：水 1000 毫升，硫酸铜 3.9 克，氯化锰 3.9 克，碘化钾 0.26 克，硫酸亚铁 49.8 克。

③配制方法：鸡蛋去壳后，加入牛奶中调匀，加入葡萄糖后加热煮沸。待牛奶放凉后加入鱼肝油、复合维生素 B 溶液和矿物质混合液，装瓶备用。

第四，仔猪料。建议从仔猪开食（7 日龄左右）到 20 千克（60 日龄左右）使用同一营养水平的日粮。目前生产中也有划分为 7~35 日龄（体重约 8 千克）以及 35~60 日龄两个阶段的。

仔猪是生长发育最迅速的阶段，但消化系统发育不成熟，消化能力弱，抗病能力差，容易引起消化不良和下痢。为了满足仔猪快速生长发育的需要，仔猪料不仅应保证营养全面而平衡，还应选择容易消化和适口性好的原料。5 周龄以前的仔猪料最好能使用部分乳制品，如奶粉和乳清粉。此外，玉米、大麦、高粱、燕麦（脱壳）等能量饲料若能通过膨化或炒熟等，则可以提高消化性和适口性。优质的鱼粉和加工适当的豆粕，也是仔猪料不可缺少的原料。膨化和炒熟的大豆，在乳猪料中可以提高能量水平和适口性。还可添加一些蔗糖、葡萄糖以及乳香味的香料。为了促进仔猪发育和防止下痢，还应注意在饲料中添加具有抗菌和抑菌作用的添加剂，如高铜（125~250 毫克/千克）、喹乙醇和杆菌肽锌等及酸化剂（如柠檬酸）。

仔猪饲料配方可参见表 10。

表 10 **仔猪饲料配方**

原料	35 日龄以内			35~60 日龄	
	1	2	3	4	5
玉米	47.0%	38.5%	42.0%	60.0%	56.0%
豆粕	25.0%	22.5%	18.0%	13.0%	16.0%
棉粕	—	—	—	3.0%	—

续表

原料	35日龄以内			35~60日龄	
	1	2	3	4	5
燕麦	—	10.0%	—	—	—
高粱	—	—		6.0%	4.0%
大麦	—	—	15.0%	—	6.0%
尾粉	—	—	10.0%	9.0%	12.0%
奶粉	5.0%	10.0%	5.0%	—	—
乳清粉	10.0%	10.0%	—	—	—
糖	10.0%	5.0%	—	—	—
猪油	—	1.0%	—	—	—
碳酸钙	0.5%	0.75%	0.5%	—	—
磷酸氢钙	1.1%	0.75%	1.2%	—	—
食盐	0.25%	0.25%	0.3%	—	—
鱼粉	—	—	5.0%	3.0%	4.0%
酵母粉	—	—	1.0%	2.0%	2.0%
柠檬酸	—	—	1.0%	—	—
微量元素添加剂	0.15%	0.15%	0.5%	—	—
鱼粉	—	—	5.0%	3.0%	4.0%
维生素添加剂	1.0%	1.0%	0.5%	—	—
其他添加剂	—	0.1%	—	4.0%	4.0%
合计	100%	100%	100%	100%	100%

资料来源：1.2. 浙江科技出版社《猪的营养与饲料配方》；3.4.5. 华中农业大学试验猪场。

生长肥猪饲料配方 生长肥育猪的饲养强调生长速度和饲料利用率。瘦肉型猪销往香港市场时，还应强调瘦肉率，因此在饲料配方上有差异（见表11）。

图34 瘦肉型猪销往香港市场时还应强调瘦肉率

表11 **生长肥育猪饲料配方**

	20 ~ 60 千克					20 ~ 60 千克				
	1	2	3	4	5	1	2	3	4	5
玉米	59.0%	48.0%	62.0%	54.0%	44.0%	54.5%	52.0%	65.0%	50.0%	43.5%
大麦	—	30.0%	—	8.0%	18.0%	—				5.0%
高粱	8.0%	—	—	—	—	12.5%	30.0%	—	—	—
脱脂米糠	—	—	8	—	—	—	—	8.0%	—	—
麸皮	12.0%	5.0%	16.0%	—	—	15.5%	5.0%	18.0%	4.0%	12.0%

续表

	20~60千克					20~60千克				
	1	2	3	4	5	1	2	3	4	5
尾粉	—	—	—	18.5%	—	—	—	—	19.0%	20.0%
豆粕	15.0%	—	6.0%	14.0%	11.0%	8.0%	4.0%	3.0%	11.0%	8.5%
鱼粉	3.0%	6.0%	6.0%	4.0%	6.0%	2.5%	4.5%	4.0%	2.0%	5.0%
槐叶粉	2.0%	3.0%	—	—	—	6.0%	3.0%	—	—	—
骨粉	0.5%	1.5%	—	—	1.6%	0.7%	1.0%	—	—	0.7%
碳酸钙	—	—	0.8%	—	—	—	—	0.9%	1.0%	—
食盐	0.5%	0.5%	0.3%	0.25%	0.4%	0.5%	0.5%	0.3%	0.4%	0.3%
矿物质添加剂	—	—	0.2%	—	1.0%	—	—	0.1%	—	1.0%
维生素添加剂	—	—	0.2%	—	—	—	—	0.2%	—	—

资料来源：1. 北京饲料研究所；2. 中国农科院畜牧所；3. 刘纯洁、庶民编译《配合饲料设计》；4. 华中农业大学，杜洛克种猪，20~90千克，日增重800克以上。

种猪饲料配方 种猪（包括公猪和母猪）的饲养以提高其繁殖能力作为主要目标。在饲料配方上应特别注意以下几个问题：

①保证原料质量。原料应新鲜、不霉变。棉、菜饼（粕）等原料应不用或少用（不超过3%~5%），且间断地使用为宜。

②注意矿物质和微量元素的供应。妊娠、哺乳及种公猪日粮中的矿物质，尤其是钙、磷的含量应较高，并保证钙、磷比1.2~1.5∶1为好。微量元素中锌与繁殖性能密切相关，应注意补充。

③注意饲料的体积。母猪饲料应较疏松，粗纤维含量为5%~8%或稍高。种公猪饲料体积应小一些，粗纤维含量不超过5%。

④种猪饲料中要考虑动物性饲料的供给。除精料外，最好饲喂足量的青饲料，以利于种猪的繁殖。

种猪饲料可分为妊娠、哺乳及种公猪配种、休闲等几个阶段（见表12）。

表12 **种猪饲料配方**

原料	妊娠期	哺乳期	配种公猪	休闲期
玉米	44.0%	56.0%	42.8%	35.0%
大麦	7.0%	—	5.0%	11.0%
尾粉	29.6%	—	15.0%	15.0%
麸皮	—	20.0%	13.0%	12.0%
三七糠	7.0%	6.0%	5.0%	12.0%
豆粕	7.0%	14.0%	12.0%	10.0%
鱼粉	3.5%	2.0%	5.0%	3.5%
磷酸氢钙	0.6%	1.2%	0.2%	1.25%
贝壳粉	0.9%	0.5%	1.25%	1.0%
食盐	0.4%	0.3%	0.25%	0.25%

资料来源：华中农业大学试验猪场。

12. 秸秆氨化——开发牛羊饲料的新途径

纵观世界，不难发现一个规律——畜牧业的发展对粮食有很大的依赖性。据联合国粮农组织统计，全世界每年谷物产量的40%被用做牲畜饲料，发达国家甚至达到70%～80%。近十几年我国畜牧业发展的历史也证明了这种依赖关系。自20世纪70年代末，我国农村实行生产责任制后，农业生产取得了举世瞩目的成就，粮食总产量大幅度上升，人均粮食占有量在370千克左右，畜牧业也同时以前所未有的速度发展。但是，随着人口不断增加，耕地逐年减少，粮食供求矛盾日趋突出，粮食不足，集中表现在饲料用粮不足，必然会使畜牧业受到很大限制。因此，必须减少畜牧业对粮食的依赖，狠抓资源的节约和综合利用，大力开发秸秆资源，提高秸秆资源利用率，这是加快我国畜牧业和整个农业发展的一项战略性措施。

我国的“秸秆养畜、过腹还田”示范项目，已发展到1995年的27省（区、市）113个县，秸秆养牛示范县占全国总县数的5.3%，存栏牛却占全国的14.2%，生产牛肉占全国的1/4，显示出良好的发展前景。1995年全国氨化秸秆2149万吨，比上年增长35%，青贮7513万吨，比上年增长17%，两项合计节约饲料粮1980万吨，秸秆养畜、过腹还田项目的发展，为缓解我国粮食供求矛盾，做出了贡献。

秸秆是农作物生产的主要副产品，其数量巨大，资源丰富。据统计，现今世界秸秆年产量为20多亿吨，其中我国秸秆产量占比例很大，每年产量5亿~6亿吨。秸秆的种类很多，其中稻草、麦秸、玉米秸是我国主要三大农作物副产品，具有巨大的潜在生物能。

秸秆氨化是开发牛羊饲料的有效手段

农作物秸秆不经任何处理，只是铡短后作为饲料来饲喂牛羊，不仅消化率低，粗蛋白含量低，而且适口性差、采食量也不高。牲畜连维持生命需要也难以满足，这就限制了牛羊生产性能的提高。

秸秆通过氨化后，发生氨解和碱解反应，破坏联结木质素与多糖之间的酯键，提高秸秆的可消化性。氨与秸秆中的有机物发生化学变化形成有机铵盐，被瘤胃微生物利用形成菌体蛋白被消化吸收，提高秸秆的营养价值。氨化可使秸秆的木质素纤维膨胀疏松，增强消化酶的渗透性，提高了适口性及采食量。试验表明，秸秆经氨化处理后，粗蛋白含量可提高1~2倍，消化率提高15%~30%，采食量提高10%~20%，能量利用效率提高80%，适口性也大为改善。其营养相当于中等品质的青干草。这样可大大节省精饲料消耗。据我国有关部门与联合国粮农组织合作在河南省所做的一项试验表明，用氨化秸秆喂牛，每天只补饲0.5千克精料（棉籽饼与麦麸），牛日增重达35千克（比喂普通麦秸提高一倍多），每千克增重只消耗 1.4 千克精料。实践证明，少用精料（或不用粮食）主要依靠氨化秸秆来饲喂牛羊是完全可行的，这就开辟了饲料的新途径。

氨化秸秆的制作方法

氨化方法很多，有用液氨、氨水、尿素、碳铵等对秸秆进行氨化处理。目前所用氨源中以尿素氨化在我国最为普及。它简便易行，安全无毒害，不需要多少设备，储存运输方便，比碳铵含氮量高，效果好。

用尿素制作氨化秸秆饲料的技术要点如下：

修建氨化池（窖） 池（窖）选择在平坦开阔、向阳背风、地势高燥、便于贮存和饲喂的地方修建。建筑材料因地制宜可选用砖、石头、水泥建成永久性池（窖），形式可建成地上、地下、半地下多种。建池（窖）以长方形为好，如在池中间砌一隔墙，即双联池则更好，可一池氨化，一池取喂，交替使用，也可一池（窖）制作青贮饲料。

池（窖）的大小应根据需要饲养家畜的种类、数量和牲畜采食秸秆的数量而定。一般每立方米的池（窖）能装切碎风干秸秆（稻草、麦秸、玉米秸）120 ~ 150 千克；若作青贮池（窖）用，则每立方米能装青贮原料（秸秆干物质 25%）650 千克。牲畜采食秸秆数量，与饲喂精料水平、牲畜大小和种类有关，一般来说，牛日采食秸秆量为其体重的 2% ~ 3%，如一头 200 千克的架子牛，日采食秸秆为 4 ~ 6 千克，年需要氨化秸秆 1.5 ~ 2 吨。了解了上述数据后，再根据每年养多少牲畜、氨化次数等具体情况，设计池（窖）的大小。

除用池（窖）外，还可用堆垛、塑料袋、水缸来贮存秸秆。袋装一般不宜过大。

总之，要求修建池（窖）光滑平整，不漏气，不渗水，保证清洁、密封等。

氨化原料 以小麦秸、稻草、玉米秸为好，原料要求新鲜、干净、无霉变杂物，铡成2～3厘米短节。

尿素用量 根据选用氨源计算用量，一般情况下，氨的用量占秸秆干物质重量的2.5%～3.5%。要达到这个标准，每100千克秸秆用尿素4～5千克。其他氨源用量为：液氨2%～3%，氨水10%～12%，碳铵10%～13%。

操作方法 按上述标准，将尿素用40℃温水溶解，配成1∶10的尿素溶液。将尿素水溶液喷洒，拌匀在铡短的秸秆中，然后分层装池（窖），踩实。原料装填要高出池（窖）面30厘米，以防下陷，上面用塑膜覆盖密封，再用细土（或泥巴）压好。

为了适应农户少量制作，也可采用小垛法、缸贮法和袋贮法。小垛法是在家庭院内向阳处地面上，铺2.6～3平方米塑料薄膜，取尿素4～5千克，加温水40～50千克，将尿素溶液均匀喷洒在100千克麦秸（或铡短玉米秸）上，堆好踩实，最后用13平方米塑料布盖好，封边，越严实越好。缸贮法和袋贮法，加尿素水溶液量和喷洒拌草方法与小垛法相同，然后袋缸或装于塑料袋中，注意密封严、不漏水、不漏气。

此外，还可利用池（窖）制作青贮饲料，即在铡短的青贮原料（最好是青绿玉米秸）中，添加相当于原料重0.5%左右的尿素。添加方法是原料装填时，将尿素（或用少量水溶解）均匀喷洒在原料上，然后封紧压实，踩紧密封。

管理 氨化密封反应时间，应根据气温高低来确定，温度越低，氨化需要的时间越长。气温5℃～15℃时氨化需28～56天；15℃～25℃时，需14～28天；25℃～35℃时，需7～10天。氨化期间要经常查看，以防人畜践踏，大雨大风天气尤应注意，一旦发现破损，要及时封堵，切忌进水或漏气。

开池（窖）取用饲喂 氨化一定时间后即可开池取用。开池后对氨化秸秆要进行感官鉴定，处理好的氨化秸秆色泽呈棕黄色或浅褐色，气味有强烈的氨味，放氨后呈糊香味或略有酸味，质地柔软不结块，松散。如果秸秆颜色灰黑、灰白，发黏或结块，气味发臭或霉味，说明秸秆已经霉变，不能饲喂。开池时要从一角取出，切勿掀顶，影响效果。

饲喂方法 取出的氨化秸秆喂前需经 2～4 天自然通风，将氨味全部放掉才能喂用。放氨后如果一时喂不完，要保存起来，可重新堆垛，防止漏雨霉烂。喂量由少到多，少给勤添，可按 40%～60% 的比例与其他饲草混喂，7 天后即可全部饲喂氨化秸秆。喂时应搭配些混合精料，以提高育肥效果。

影响秸秆氨化质量的因素

秸秆氨化后其质量与氨的用量、秸秆含水量、环境温度、氨化时间以及秸秆的原有品质等密切相关。

氨的用量 氨的经济用量在秸秆干物质重量的 2.5%～3.5% 范围内。用尿素、碳铵处理秸秆时，它们的用量可根据各自的含氨量进行换算。生产中氨化 100 千克秸秆（风干），用尿素 4～5 千克，或碳铵 10～12 千克。

秸秆的含水率 用尿素或碳铵处理秸秆，含水率要适宜。因为含水率过高，操作运输很不方便，秸秆还有霉变的危险，但含水率过低，秸秆过干时使氨处理无效果。实践证明，在池（窖）的顶部和底部的秸秆被水雾湿润了，这些湿的秸秆消化率最高，家畜也喜欢采食。所以在确保秸秆不致霉变的前提下，秸秆的含水率在 45%～50% 为合适。

环境温度和时间 环境温度越高氨化所需的时间越短。通常，随温度升高而加快，温度提高，氨化秸秆的消化率和含氮量也相应提高（见表 13）。夏季氨化的麦秸与冬季氨化相比，粗蛋白含量高 83%，全日粮干物质消化率高 12%，有机物消化率高 12.3%，麦秸采食量高 19.3%。

表 13 **氨化处理的温度与所需时间**

温度（℃）	低于 5	10	5～15	20	15～30	高于 30
处理时间（天）	56	30	28～50	15	7～28	7

六、从传统农业迈向持续农业

农业是世界上最古老的产业。它为人类的生存和繁衍而诞生和发展。它伴随着人类社会，度过了近万年。直到20世纪上半叶，世界农业仍处在劳动生产率、科技水平和发展速度很低的资源农业时期，即以依靠自然资源为基础、依靠经验为主的传统农业。20世纪50年代以后，现代科学技术不断引入农业，大量的农业机械、化肥、农药、除草剂、农膜等在农业生产中广泛使用，农业专业化生产加强，农产品商品率提高，农作物产量大幅度增长。据统计，1949—1988年，世界粮食单产由每公顷的1000千克提高到2499千克，平均年增长39千克，是前50年的28倍。这一时期被人们称为“石油农业”的黄金时代。然而，由于工业性能源投入的不断增长，带来了许多社会问题。一是环境污染严重，工厂“三废”的排放、大量农药的使用，使毒物在土壤或水域中的残留越积越多，导致食品的毒物残留量超标；二是年年大量使用化肥，很少使用有机肥料，导致土壤肥力下降，结构板结，有机质含量下降，引起农产品品质下降；三是高投入、低效益，农业生产成本提高，国家用于农业的补贴大幅度增加；四是水土流失严重，资源损失巨大。全世界近100年内有30亿亩土地遭到侵蚀，每年流失大约250亿吨表层土壤。不计后果的地下水超采、农业灌溉水利用率极低（农业用水的60%～75%被浪费掉）。这种以消耗大量石油能源、破坏生态平衡和自然资源为代价的“石油农业”陷入了困境。农业的现状恶化和由于人口爆炸引起的食物不足、就业率低等严峻的社会问题，引起了全世界的关注。考虑到未来人类的生存和发展，一些学者便提出了世界农业的持续发展问题，即“持续农业”。与此相类似的提法还有：生态农业、立体农业、有机农业、超石油农业等。但是，从 20 世纪 80 年代中期以来，“持续农业”的思潮在全球迅速传播，形成了一种新的发展趋势。

图 35　环境污染严重

“持续农业”究竟是怎么一回事呢？美国学者把持续农业定义为“在一个长时期内，有效改善农业所依存的环境与资源，提供人类对食物和纤维的基本需要，经济可行并能提高农业以及整个社会水平的一种农作方式”。简单地说，持续农业就是一种“不造成环境退化、技术上适当、经济上可行、社会上能接受的”，更好地利用环境与资源的农业。《丹波宣言》提出，为过渡到更加持久的农业生产系统，农业和农村发展必须努力确保达到下述三个基本目标：其一，确保在自给自足和自力更生之间适当的和持久的平衡以保证食物安全；其二，增加农村的就业人数和收入，特别是根除贫困；其三，保护自然资源，保护环境。

关于“持续农业”的重要意义，我国著名学者卢良恕认为，持续农业是一种新的农业发展战略选择，其意义在于：第一，重新认识农业的地位和作用。农业不光是提供全人类食物的基地，也是提供人们就业机会和工业产品销售的最好市场；第二，有助于调整农业发展方向，启迪全人类思考农业发展前景，有助于不同类型国家研究选择自己的发展道路；第三，有助于农业协调发展，人们会更加注意农业与生态、资源、环境及能源的关系。

持续农业的内容和技术措施涉及面广，包括农学、环境、生态、经济、社会等多个方面。如进行合理的农业生产结构调整与布局，合理安排农、林、牧、渔生产，进行品种与栽培技术的合理配置。在作物选择方面，选育和种植高产、高效、高抗、优质的作物和品种；用地与养地结合，进行耕作制度改革，对前作残茬采用免耕法或垄作，采用谷物或豆科作物轮作，以增加多样性和稳定性；在土壤肥料管理方面，确定达到一定产量指标所需的最低施肥量，提高氮肥利用率，研究替代有机肥源，尽量减少化肥的使用量；在病虫害管理策略方面，只有在其他防治方法失效时才用化学控制或施用最低量的杀虫剂、杀菌剂；进行种质资源的开发利用与保护、土地资源的利用及保护、能源的综合开发利用、气候资源的合理利用、水资源保护等。

目前，持续农业日益受到世界各国的普遍重视，因国情各异，各有所侧重；研究和应用的进展情况，各有所长。美国的持续农业活动开展得比较早，研究的规模也较大。1985 年，美国加利福尼亚州议会通过了持续农业研究教育法。1988 年，美国国会通过了低投入持久农业研究和教育计划，简称 LISA 计划。同年，“低投入持久农业”被列为长期性重点研究项目。美国的一些农户自愿组成低投入持久农业组织，无偿试验。其中较好的是依阿华州的“实践农民”，参加“田间会诊”的达 600 人。

我国持续农业的研究起步较晚，但进展较快。1991 年 8 月和 9 月，中国农学会和中国农经学会召开了持续农业问题座谈会。会议认为，中国是一个人多地少、资源相对不足、经济欠发达的农业大国。这一国情是我们研究农业、振兴农村经济的根本出发点。虽然，我国农业经过40多年的建设，取得了以世界7%的耕地养育着占世界22%人口的举世瞩目的成就。但是，人口、资源、环境、食物的矛盾仍将长期困扰着我国农业发展。而持续农业旨在解决资源、环境、食物等世界性问题；因此，我们应当吸收持续农业的先进思想，在由传统农业向现代农业转变过程中，发扬我国传统农业中持续发展的经验，借鉴世界各国现代化农业的经验，走一条现代集约持续农业发展的道路。1991年，由中国农业科学院主持了“中国农业的持续发展的综合生产力”研究。1992年，在全国20个县（市）建立试点，开展了持续农业研究工作。1993年上半年，中国农学会分别在南宁和北京召开了全国和国际持续农业学术讨论会，会上，在“持续”还是“不持续”的观点上得到了统一的认识，这对我国持续农业和农村经济发展是十分有利的。

为了解决中国农业持续发展的问题，根据国内的实践，借鉴国外的经验，必须逐渐克服非持续发展因素的影响，建立持续发展的综合农业系统。对此，就需要分别研究农业发展的技术、经济、生态和社会四个子系统，同时要研究种植业、林业、畜牧业、水产业各部门的持续发展问题，并对我国不同类型地区的持续发展作出分析，为制定农业大系统持续发展的战略和方案提供科学理论依据。并根据中国国情走一条具有中国特色的农业持续、稳定、协调发展的道路。著名学者卢良恕等对我国持续农业的内容和发展趋势作了如下论述：

第一，农业技术系统。要建立持续发展的农业技术系统。针对我国农业非持续性发展因素，必须特别重视农业技术的优化、配套。农业生产受多因素控制，要保持多季、多年的农业持续发展，必须从各个技术环节保持农业生产的持续性和稳定性。种植业、畜牧业需要加强研究与应用的技术是：

①产量高、质量优、抗性强、适应性广的各种优良农作物新品种；生长快、品质优的畜禽良种。

②良种良法配套种植制度、针对性强又效益高的耕作制度、种植业结构调整技术。

③土壤改良与培肥地力技术，农业节水技术。

④农作物病、虫、草、鼠害的综合防治技术，畜禽疫病的预防和防治技术，重点加强生物防治技术，按照动植物和生态平衡原理，建立农林牧渔的保护环境和高效低成本的防治系统。

⑤重大自然灾害如洪涝、干旱、台风等的预测预报及防御技术。

此外，还要探讨持续发展的技术道路和模式，如未来技术道路的选择和持续性分析、农业技术进步模式、技术结构及其持续性评价和选择。

第二，农业经济系统。建立持续发展的农业经济系统，探讨提高农业投入产出的经济效益。既要增加投入，又要降低成本，提高生产资金利用效率，推动农产品流通体制改革，完善农产品购销制度，建立有计划、有控制、规范化的市场体系。善于应用经济杠杆，提高价格结构效益。税收、信贷、投资的水平和结构也应与农业生产水平和结构相适应，以保障农业持续发展的需要。逐步完善宏观经济调控系统，综合分析生产、流通、消费过程中的经济效益，对经济政策中不利于持续发展的因素加以限制，必须认真研究制定完善的系列政策，使政策相互配套并加以落实。政策体系应包括：

①促进农业生产全面发展的政策。

②农产品价格流通与交换政策。

③农产品消费政策。

④农业技术推广政策。

⑤农业教育政策。

⑥农业科学技术政策。

⑦农业环境、资源保护与利用政策。

此外，还要探讨农业经济运行机制与持续发展关系，如农业国民收入分配和再分配的目标、分配手段（税收、补贴、福利）、体制、分配系统与农业持续发展的关系。

第三，建立协调平衡的农业生态系统。针对我国农业生态环境中所出现的水土流失、土地沙漠化、土地盐渍化等农业非持续性生态因素，必须高度重视保护农业生态环境，使农业生产的增长、农村经济的发展与农业生态环境的改善协调一致，达到经济效益、社会效益与生态效益的统一。对于不同类型的农业生态系统，进行系统分析，建立各具特色的持续平衡的农业生态体系，发展生态农业、立体农业、无污染农业。在农业开发利用中，加强对水土流失的综合治理，建立多种形式的防护林体系，把生物工程治理和水土工程治理结合起来，逐步形成一个良好的农业生态环境。其生态体系包括：

①农、林、牧综合生产体系。

②农业土地、水资源、农业气候、草原、森林、生态环境的动态监测与管理。

③农村环境保护与农业开发利用。

④“三废”处理利用以及农药、化肥污染处理等。

第四，社会系统与农业持续发展。

①提高农村人口的身体素质，要研究制定特殊的农村人口政策，普及科学的膳食知识，逐步改善人民的营养，提高人民的生活消费水平。

②推进农科教有机结合，有条件的地方实施农科教一体化，加快提高农村劳动者的科学技术素质，逐步提高农业生产技术水平，促进农业的深度和广度开发。

③广开农村就业门路，努力发展乡镇企业，加快农业剩余劳动力的转移。

④在农业现代化进程中，新技术的采用，资源的开发，环境的变化，对社会带来的影响，必须控制在适度的范围内，同时也要相应调整与农业持续发展相关的农村社会政策。此外，还要探讨社会组织系统的类型、运行机制和行为规范、法律政策、民风民俗、农业综合生产力的增长及价值观念的转变、更新与农业持续发展的

关系。

为了实现我国农业现代化，了解一下目前我国的种植业、畜牧业、水产业、林业的现状、持续发展的趋势、问题及对策，是非常有意义的。

①种植业的持续发展主要是依靠提高单位面积产量。今后，化肥、农药、农膜、石油能源、灌溉用水仍然是大量增加的趋势，这就需要大量投入资金，也要认真采取措施，建立持续发展的农业技术系统和生态系统，以减轻非持续因素对农业资源和环境的压力。鉴于中国人多地少、复种指数又高，这就需要进一步探讨提高地力、少耕或免耕的耕作方法。为了进一步提高单位面积产量，在生物技术尚未取得重大突破之前，需要施用更多农药的情况下，要积极组织力量探讨高效益综合防治技术。此外，粮油等主要农产品数量迅速增长的时期已经过去，今后应更注意质量效益，还要保证相应的产量的持续增长。

②畜牧业的持续发展的基础是饲料的增加。饲料粮食比重要达到30%，这就要抓紧高产、优质饲料作物的选育及其配套种植技术和加工基地。其次，蛋白质饲料是畜牧业发展的关键。目前，蛋白质饲料的短缺严重降低了动物性食品的质量，并造成资源浪费，对此，要加快研究蛋白质饲料的开发利用。此外，我国草地面积大，但产草量低，草原产肉量仅占全国产肉量的4%左右，要抓紧草场资源合理开发利用的问题。我国肉类结构不大合理，猪肉占肉类比重仍然高达80%，猪肉中瘦肉型猪肉所占比重很小，不利于提高饲料的利用效益，也不能适应人民生活的要求，要调整肉禽结构、抓畜禽良种的选育及持久性综合效益问题。

③水产业面临着水域可捕捞的资源日益减少，江河、湖泊、近海的水质污染对水产的威胁加大，可利用的可养殖水面利用率不高，因此要探讨资源保护增殖的有效途径。今后要进一步依靠发展水产养殖，特别是加速小水体精养高产技术的开发和利用。

④林业方面，长期存在着消耗量大于蓄积量的问题，因此，要抓紧研究森林永续利用，提高森林覆盖率的问题。目前，我国的林

图 36　林业方面长期存在着消耗量大于蓄积量的问题

种结构不太合理，用材林所占比重过大，要加快其他林种发展的途径，抓好速生丰产林的开发和利用问题。林业的综合利用潜力很大，需要进一步的研究和开发。

总之，持续农业已在全世界范围内广泛兴起，它是农业发展的一种战略，构思新颖，具有丰富的内涵。我国创立的生态农业、立体农业也是现代集约持续农业的一种重要形式，尚需要进一步发展和完善。我们应当吸取国外持续农业的有益思想，拓宽我们的视野和研究范围，结合中国的国情，走出一条从古老的传统农业迈向现代集约农业发展之路，为早日实现我国农业现代化做出贡献。

七、农业产业化与农业现代化

在展望农村经济发展前景时，人们常常把农业产业化摆在十分引人注目的位置。目前，遍布全国各地的农业产业化正在悄然兴起。那么，农业产业化是怎么一回事呢？所谓农业产业化，就是以市场为导向，以效益为中心，突出资源产业优势，优化组合生产要素，对主导产业和产品实行区域化布局、专业化生产、企业化管理、社会化服务，按市场需求，组建种养加一条龙，农科教相结合，农工商一体化的生产经营机制和经济发展格局，使农业逐步走上自我积累与发展、自我调节的良性循环之路，并推进农村经济的规模化、专业化、社会化和现代化。

农业产业化的出现和发展是适应社会主义市场经济的需要，是由传统农业走向现代农业的必由之路。农业产业化是农业经营体制和农村产业组织形式的创新，是解决当前农业发展中一些深层次矛盾的有效途径。党的十一届三中全会以来，农业发展形势较好，但也存在许多亟待解决的问题。首先是在家庭承包经营条件下，其生产规模小，很难实现农业机械化，难以应用高新技术，更谈不上提高产品的科技含量和发展出口创汇农业。其次是经营分散，各家各户自种、自产、自销，与商品经济大市场大变化的需求之间矛盾突出，缺少中间纽带，市场信息不畅，产品的质量、品种、规格、批量等远不能适应市场大流通的需要；三是分散的单家独户的家庭经济抗御自然灾害的能力很差；四是传统农业实际上只是抓了产中阶段，忽视了产前、产后阶段，农业商品率低，农产品产后加工销售落后，农产品积压损失大，种粮卖粮，生产效益低，影响农民生产积极性，不利于农业的持续发展。发达国家农产品加工产值与农业生产值之比，大都在 3∶1 以上，而中国只有 0.5∶1，差距较大。推行农业产业化，可以有效解决以上几个主要难题。在农业产业化经营体系中，龙头企业具有高科技优势、信息优势、资本优势；农户科技素质的提高和资金的投入有了保证，信息又灵通，有广泛的机会可以应用高新技术和实用技术，提高劳动生产率。同时，在产业化经营中，个体农户必须按照龙头企业和公司的要求，以市场为导向组织生产，各种产品都必须符合统一的标准。这样，就可以有计划、有目的地把农户分散经营纳入社会大生产的轨道，以适应市场经济的需要。推行农业产业化，还可把农业生产产前阶段的信息传递、种苗供应、化肥农药塑料薄膜等生产资料的社会服务与产中阶段的高新栽培技术、水利、植保、农机等全方位服务体系以及产后的农产品加工、运输、销售等三个环节有机连为一体，形成产业链、产业群，可以提高农业的增值能力，提高农业集约化、专业化和社会化的程度，有利于人才、资金、土地、劳动力、科技等生产要素优化组合，就可实现农村经济的新飞跃。发展农业产业化，乡镇企业和小城镇可以获得迅速发展，就可为农村剩余劳动力提供广阔的就业机会，从而加快农村城市化和城乡一体化的进程。

我国农业产业化尚处在发展的初级阶段。目前农业产业化的组织形式多种多样，严煤教授概括为四种类型：

一是龙头企业带动型。以农产品加工、冷藏、储运、销售企业为龙头，围绕一项产业或产品，实行产加销一体化经营。龙头企业外连国内外市场，内连农产品基地，基地连农户，形成松散型（无合同契约关系）或紧密型（有正式合同契约关系）的“公司（企业）+基地+农户”经营网络。

二是市场带动型。通过建立公司，发育农产品市场，特别是专业批发市场或季节性的产地批发市场带动区域专业化生产和产加销一体化经营，形成“公司—市场—农户”经营网络。

三是主导产业带动型。所谓主导产业就是利用当地资源优势，有计划地组织产业群、产业链，形成区域性的特色产业和优势产品，实现一乡一业，数村一品的专业化、集约化生产格局。

四是中介组织带动型，以民间协会性的中介组织为依托和纽带，发挥农产品加工的联动效应，实行跨区域联合的产供销一体化经营。其他还有供销社+农户或合作经济组织+农户或农村专业技术协会+农户或农场+农户等组织形式。

中国在20世纪80年代中期，东南沿海一带在建设外向型农产品基地时涌现了一些贸工农一体化经营组织。1994年，山东省委把农业产业化战略作为发展农村社会主义市场经济的重要内容，全省农业产业化发展较快，现在已有30%以上的县主导产业和产品实施产业化，农产品加工企业已发展到1.3万多家，带动农产品基地建设达300多万公顷，联结专业村2.7万个，农户700多万个。有力地推动了农村经济大发展，为农业可持续发展摸索出了一条成功之路。

在中国广大农村，积极发展农业产业化经营，形成生产、加工、销售有机结合和相互促进的机制，推进农业向商品化、专业化、现代化转变，是由传统农业走向现代农业的发展方向。

八、信息技术在现代农业中大显神通

进入新世纪以来，计算机技术的普及应用和互联网的快速延伸，催生了现代信息技术的快速发展，改变了现代农业的内涵，特别是地理信息系统（GIS）、遥感（RS）和全球定位系统（GPS）和农业专家系统等软硬件技术，传感器和工业控制信息化技术对农业机械的装备和农业生产环境的智能控制，信息化已经成为当前农业现代化的主要特征。如精准农业系统，又称为精细农业、精确农业和精细农作等，该系统面向传统的农业种植业，除了采用现代信息技术（RS、GIS、GPS）外，还必须整合作物栽培管理技术和农业工程装备技术的智能化和信息化，达到采用信息化装备农业、直接提升农业种植业生产效益、科学利用资源、减少环境污染的较高境界。

与发达国家比较，信息技术在我国农业领域的研究与应用，2000年以前与国外相差约10年，新世纪以来，差距日益缩小。目前，关键信息技术的研发与应用相差约5年。有研究者认为，到2020年中国信息化水平与国外中等发达国家的差距将缩短到2～3年，不少指标将达到或者超过中等发达国家水平，在各种世界组织和机构的信息化排名将从目前50～70名进入全球前30名。信息技术的农业应用将为我国现代农业的顺利发展奠定坚实基础。

信息技术的农业应用大致包括以下方面：农业生产经营管理、农业信息获取及处理，农业专家系统、农业系统模拟、农业决策支持系统、农业计算机网络等。具体技术包括：计算机技术、信息存储和处理、通信、网络、多媒体、计算机视觉、人工智能、3S技术（即地理信息系统，GIS；全球定位系统，GPS；遥感技术，

RS）等。当前，国外大多数国家的农业技术创新主体呈现多元化、集成化模式，在农业技术、计算机网络技术、遥感技术等多项技术获得成功应用后，正在将几项或多项技术努力集成在一起走节约型技术创新之路，以提高多元化、智能化、集成化，实现农业的高度自动化，呈现出现代农业的技术特征。

1. 精准农业

精准农业又称为精确农业或精细农作，发源于美国。精准农业利用全球定位系统（GPS）、遥感监测系统（RS）、地理信息系统（GIS）、农业专家系统、智能化农机具系统等综合技术，实现对农作物进行精细化的自适应喷水、施肥和撒药，有力地促进了农业整体水平的提高，成为现代种植业信息技术集成应用的典范。

精准农业技术除美国和加拿大发展较好外，其他地区还没有进入实际意义上的应用和推广，很多国家还处于实验示范阶段，其主要原因一方面是技术设备价格的昂贵，部分技术的精度和灵敏度还不能满足应用上的需求；另一方面是设备和信息采集费用很高，资金投入有很大的风险，精准农业的绩效也没有一个合适的评价标准，这些都限制了精准农业技术的发展。

基于精准农业的原则，各国精准农业的技术体系、装备和实施方式可以不同。有研究者认为，国际学术界并不拘泥于对精准农业的这种认识，既承认美国、法国式的上述高技术精准农业，也承认以色列式的特色技术精准农业，甚至承认越南、毛里求斯式的人力资源精准农业，其中以色列式精准农业是一种以温室为载体，以先进节水灌溉技术为支撑体系的特色化技术精准农业，越南、毛里求斯式精准农业是基于人力资源的初级水平的精准农业，因此精准农业模式按技术含量高低可分为三个层级，以高技术为支撑的高级精准农业，以适度技术集成的中级精准农业和以人力资源采集精密信息为主体的初级精准农业。

我国精准农业研究自20世纪90年代中后期以来受关注的程度

越来越高，其中单项技术的研究甚至可以上溯到20世纪80年代。作为完整的技术体系，20世纪末在黑龙江大型国营农场、新疆建设兵团农场等土地经营规模大、农业机械化程度高、农业生产基础较好，且职工素质较高的地区或生产单位，就开始精准农业的生产实践。

新疆建设兵团从1999年开始，围绕精准灌溉技术、精准施肥技术、精准播种技术、精准收获技术、田间作物生产及环境动态监测等6项精准农业核心技术进行研究与示范，形成具有精准农业核心技术体系、精准农业技术指标体系、精准农业技术规程规范体系和精准农业技术装备体系子系统构筑的比较完善的精准农业技术体系。在兵团棉花大面积生产应用中获得了显著的经济、生态和社会效益。2006年国家863计划启动了现代农业技术领域“精准农业技术与装备”重大专项，标志着精准农业从探索研究开始走向自主创新、装备研发和应用示范阶段。

我国精准农业发展起步虽然较晚，但在国家863计划数字农业重大专项和地方政府的支持下，近5年来取得了很大进展。在“2010信息化与现代农业博览会”科技区里，由北京农业信息技术研究中心动漫技术部研发的精准农业技术虚拟演示系统具有真三维模拟田间操作和与外设备响应功能，展示精准农业无人自动导航的特点。

在农业机械化展区，安装了GPS车载终端的福田雷沃重工拖拉机，不但外形威猛，而且“内功不俗”，信息服务中心可以准确、快捷地实时接收到车上的视频图片和各种数据，并通过监控调度终端实时监测到机车的作业位置。现场表演的由中国农大研制的黄瓜采摘机器人和蔬菜嫁接机器人，小巧灵便，功能强大，也引起了广大观众的浓厚兴趣。我国精准农业经过10多年来的发展，在农业信息的获取与分析处理、农作物生长模拟与调控以及新型农业机械的开发应用等方面都形成了一定的研究基础。

我国精准农业的发展趋势是农产品生产过程中关键信息的自动采集理论与产品开发，如种植业中各种土壤养分传感器、植物生理

图 37　黄瓜采摘机器人

生化状态检测、作物生态系统与作物生长发育调控、智能机械导航与目标识别、精准农业生产管理决策与实施作业等方面。由于目前我国的农业经营规模限制，精准农业相关技术的应用可以是整体上的综合应用，也可以是其中一项或几项技术结合实际情况进行组合应用。

2. 农业生产过程与生产环境控制

借助计算机技术、有线或无线网络技术，围绕农业领域具体应用，实现农业生产关键环节或生产的全程自动化。农业生产过程与生产环境控制一般都是基于专家系统原理结合具体应用开发出来的，如农作物栽培管理的自动化，可以实现灌溉施肥的自动化和智能化，按照作物不同生育期对营养和水分的要求自动进行系统控制，解决节水、节肥的目标；对于各类蔬菜采用岩棉栽培、袋培、水培、营养液膜栽培等方式，可以通过电脑调节生长环境因素和栽培措施，进行监控和自动化管理。在农作物病虫害防治信息化方面，可以实现信息的自动传输和计算机自动控制，由计算机分析数据并进行模拟运算，确定最佳的管理方法，从而大大提高农业生产效率和管理水平。

在畜禽饲养管理方面，可以通过埋置于畜禽体内的微波器或微型电脑及时发出家畜新陈代谢、生长发育状况，通过计算机模拟，判断畜禽对于饲养条件的要求，及时自动输送、饲喂配方饲料，实现科学饲养。如德国在农业生产中，开发出能自动监测和记录环境温湿度、光照时间和强度、风度等变化的自动监控系统。为农业生产提供作物病虫害经济损失、动态经济阈值、种群动态与预测、综合治理等的辅助决策计算机系统。

美国开发的农田灌溉自动决策系统，可以提高水资源的利用效率；信息技术在英国畜禽蛋供水、供料、通风、清粪、产蛋、挤奶、屠宰、加工和包装中全部实行自动化、机械化作业，有效促进了农业生产的高度集约化和机械化，提高农业生产效率；澳大利亚应用自动控制技术，对水资源和农作物灌溉自动监控；养牛场采用电子标签技术对牛的产地、养殖、加工、销售实施电子标签管理，跟踪牛肉生产过程并对疫情进行监控。在农作物施肥、节水灌溉、植物保护、栽培管理专家系统；畜禽、水产饲养管理专家系统；农村经济决策支持系统等相继开发出 39 个，已投入使用的达 15 个，有效地实现了农业生产的自动化和信息化。

农业生产过程与生产环境控制的信息化目标具体，可以快速解决实际问题，而且显效快，是提高农业生产效益的重要手段。近年来在我国发展得较快的工厂化农业就属于信息技术集成应用体系。工厂化农业是指在塑料大棚或玻璃温室内，借用阳光或人工灯光进行不间断的农业生产，一般适于布局在都市周围，所以也有“都市农业”之称。

相比较自然农业的靠天吃饭，用现代科技装备的工厂化农业，集成了生物科技、信息技术、新材料技术、自动化控制技术和现代先进农艺等，可以通过生物和环境的控制，使农业生产中的多种潜力得到充分发挥。《经济日报》2011 年 7 月 6 日第 13 版报道，我国首座大型植物工厂已在北京通州运营半年有余，在封闭的环境中，通过自动控制包括光、温度、湿度、养分等植物的生长条件，可以实现果蔬的周年生长。该技术在国际上被公认为农业高端技术领域，以前仅被日本、美国、荷兰等少数发达国家掌握。

目前我国相关研究与应用的对象大多是设施农业，在“2010 信息化与现代农业博览会”宁夏展区，西部电子商务股份有限公司在温室环境中采用自动监测控制技术、智能检测系统，可以精确测量温度湿度等环境因子、及时监测生产管理各个环节。解决设施农业管理人力投入成本、管控不及时等问题，从而达到提高作物品质，增加产量和节水节能的目的；北大荒展区，基于物联网的“智慧农业大棚远程监控信息系统”集智能化、实用化为一体的远程监控信息系统，以植物生长环境信息为手段，以传感器为基础、计算机智能化决策为核心、以移动通信为载体、以农民的实际应用为终端的系列综合技术服务网络体系。实现了现场诊断、信息查询和智能决策，为农民提供“数字化”的生产技术服务，使复杂的高新技术平民化，具有服务手段和服务方式灵活快捷、传统农技服务无可比拟的优势和特色。

陕西展团展示的蔬菜标准园智能监测系统，在西安市阎良区的农业标准化园区建设中充分运用信息技术，开发建成了蔬菜标准园智能监测系统。这个系统能够实时测量和记录温室大棚内的温度、湿度、光照、土壤温度及二氧化碳浓度等环境参数和植物生长信息，经计算机处理后将数据显示在大屏幕上，监测参数值超过设定界限时可以通过短信向种植户报警，及时指导管理人员采取措施进行处理。江苏省张家港市神园葡萄科技有限公司针对当前设施生产缺乏有效的农作物生长环境参数监测技术手段的情况下，通过使用各类传感器来采集温度、湿度、含水量等参数，实现了对钢架大棚内环境温湿度、土壤含水量的实时监控，对大棚内作物生长情况的实时视频监控，以及对大棚外建筑工程进展情况的实时视频监控，为葡萄优质高效生产提供了有力的技术支撑。此外还有黑龙江展区的渠井信息自动化监控及水资源调度技术，新疆兵团节水滴灌系统和作物信息自动化采集控制技术等。

在畜牧养殖方面，江苏展区展出的智能化管理猪场，引进了智能化母猪电子饲喂系统（ESF），通过对每头母猪耳朵上的接收器耳牌被标记识别，GPS 信息系统进行控制操作，能对所有母猪进行单独饲喂（液态料或者干料），可以获得良好的母猪体况。GPS 计算机信息管理系统还可对发情母猪进行自动识别，母猪、猪舍环境异常时进行自动报警，母猪生长性能数据自动汇总标志，并可以通过互联网、手机等手段远程调控猪舍内温度、湿度、饲料、饮水等，由于项目采用了各项先进信息技术及智能化设备，大幅度提高了劳动生产率，可达到单人饲喂 1000 头母猪，是传统机械化饲养模式的 10 倍以上。

“十二五”期间，伴随农业现代化快速推进和农业投资多元化格局的逐步形成，农业生产过程与生产环境控制在设施畜禽养殖、设施水产养殖、食用菌工厂化生产和设施作物水、肥监测等方面的信息化将获得更加广泛、深入的发展。

3. 作物生长模型与虚拟农业

作物生长模型是作物专家系统的深化，与主要依靠专家栽培经验和符号逻辑推理不同，它试图从作物生长发育的生理生化机制角度建立作物生长模型，同时为虚拟作物的动态生长过程及其可视化研究提供支撑。作物生长模拟模型利用系统科学的原理，把作物及影响作物生长与发育的环境与技术因子看成一个整体，通过大量实验和分析，采用数学模型描述作物生长发育、光合生产、器官建成和物质分配及产量品质形成等生理生态过程与环境因子和基因型之间的量化关系。通过建立模型，理解、预测和调控作物生长发育与产量品质形成，把传统种植业带入农业信息化时代。

国外作物生长模型始于20世纪60年代，90年代以来，特别是90年代后期，随着全球人口的急剧增加，气候变暖问题日益严重，导致人类生存环境进一步恶化，作物模型的应用领域也随之扩大，模型研究进入以应用目标的改进与完善阶段，在模型的普适性、准确性和易操作性等方面得到强化并向综合集成方向发展，出现了多个基于模型的综合性平台级软件产品。尽管如此，目前虚拟作物研究的主要难点首先是对于根系的模拟，因为根系所在的土壤环境所受的影响因素复杂，而且很难对作物根系进行直接观察；其次是生长模型与形态结构的耦合机制，生长发育状况、形态结构与环境条件之间的相互影响是虚拟作物研究的关键问题。近年来，国内外学者均未能获得突破性进展。

国内开展作物生长模型研究始于20世纪80年代中期，如1993年高亮之等完成了水稻计算机模型（RCSODS），中国农业大学研制的棉花生长发育模拟模型（COTGROW，1996年），南京农业大学构建的基于生理生态过程的小麦（2000年）、水稻（2003年）、棉花（2003年）、油菜（2007年）等作物的生长模型，这些模型系统以生理发育时间为尺度，采用构件技术模拟了作物生长发育及产量形成与水肥动态关系等。

我国虚拟作物研究自20世纪90年代末开始，研究起步虽相对较晚，但吸引了许多研究人员参与，并取得了一定的成绩。自1998年起，中科院自动化研究所、中国农业大学与法国农业研究发展中心（CIRAD）、法国国家信息与自动化研究所（INRIA）合作研究开发了GreenLab。近年来，随着生命科学与信息科学的进一步交叉融合，将植物结构和功能数字化，实现植物形态结构的精确描述、可视化表达、定量分析，以及对植物系统内部各要素的状态、发展演变过程进行定量计算、评价、模拟、预测和虚拟表达已经成为可能，并成为现代农业科学的一个重要发展方向。虚拟作物广义上又称为数字植物，是植物科学、虚拟现实技术、人工智能和科学计算方法的高度综合，它紧密结合物联网技术的发展，将是农业科学研究的新兴前沿领域。

4. 光谱技术及其应用

光谱技术是利用光与物质相互作用研究物质形态和结构的物理特性和化学结构性质的重要方法。光和物质的作用一般通过反射和透射的成像特征来表达，不需要直接接触，因此又称为遥感技术。最简单的光谱技术就是可见光谱范围内的图像识别，又称为机器视觉。通过光谱波段与光谱范围扩展，可以划分为多光谱、高光谱和红外光谱技术。近年来，结合成像和高光谱技术又发展了成像光谱技术。

机器视觉在农业上的应用多采用数码相机获取农业对象的图像，进行农产品品质识别、作物营养诊断等领域，是一种无损检测技术。其中，便携式叶绿素仪法和新型遥感测试法是20世纪90年代以来最新发展的方法，目前在欧美各国已成为研究的热点，部分成熟技术已进入推广应用阶段。如便携式叶绿素仪（SPAD）光谱仪，可在田间无损检测植物叶片叶绿素含量。目前，叶绿素仪已经成功地应用于水稻氮肥，在其他如小麦、玉米、莴苣、棉花、马铃薯等作物上也进行了广泛的研究。

遥感技术在精确农业管理中可以发挥非常重要的作用。各种植物胁迫如缺氮、干旱等都会使作物叶片的光反射特性发生改变，通过检测植物冠层光学反射特性可以了解作物的营养状况，国外应用的一种田间便携式分光仪可以方便地检测作物的冠层反射系数。图像拍摄设备还可以搭载在航空和航天器上，所拍图像称为遥感影像，一般有多个波段，其解释也是利用地面物体对光的反射差异特征进行，可用于土地利用现状图绘制、植物覆盖调查、地面温度和水面污染物识别等。

红外光谱可鉴别化合物官能团，目前的应用主要指波长在780~2526nm的近红外光谱，介于可见光区和中红外光区之间，由于近红外光谱区与有机分子中的含氢集团（C-H、N-H）振动的合频与各级倍频的吸收一致，因此通过扫描样品的近红外光谱，可以得到样品中有机分子含氢集团的振动信息。该技术是20世纪80年代后期，随着计算机及化学计量学的发展才得到了推广应用。目前在农产品和食品检测分析中得到了广泛的应用。如在水果检测方面，Saranwong等将近红外光谱分析技术应用于芒果成熟度的无损检测，Antihus Hern等用VIS/NIRS技术无损检测无核蜜橘的酸度、可溶性固形物含量和硬度，为无核蜜橘品质特性的评价提供了新方法。

近年来我国光谱技术的研究与国外的差距越来越小，但是在研究成果的商品化开发方面落后于国外发达国家。在图像识别方面，如烟叶收购分级、水稻营养诊断等。农业遥感应用中，利用高光谱遥感数据能准确地反映田间作物本身的光谱特征以及作物之间光谱差异，遥感和高光谱研究可以更加精确、快速地获得农学信息。如利用玉米高光谱特征及与叶绿素、类胡萝卜素相关性的研究，得出叶片光谱反射率随含水率减少而升高，叶片叶绿素和类胡萝卜素浓度与光谱植被指数R800/R550具有极显著相关，可以利用光谱方法来监测玉米长势和估算叶绿素。利用高光谱遥感技术分析水稻和小麦两种作物不同生育期的冠层光谱及其叶面积指数和叶绿素密度的变化，确定出估算两种作物的叶面积指数和叶绿素密度最佳植被指数。

通过测量冬小麦叶片在不同生长期的反射光谱，用偏最小二乘方法建立冬小麦叶片叶绿素和水分含量与反射光谱的定量分析模型研究。有研究应用GA-BP-Network建立基于冠层光谱特性的水稻叶片含水率模型，相比BP神经网络、传统多元线性回归预测模型，提高了预测水稻叶片含水率的准确性。目前利用高光谱监测作物水分含量的研究，已经从定性发展到定量。遥感技术在土地资源管理、耕地地力评价和遥感估产中已经作为例行应用技术。如欧文浩等（2010）利用HJ-1卫星影像对黑龙江八五二农场三大作物（水稻、玉米、大豆），通过构建小波变换滤波方法和移动平均法的时序NDVI曲线数据，确定了遥感估产的最佳时机。

在近红外光谱研究领域，农产品品质检测是一个热门技术，如有研究者研究了南丰蜜橘、梨内部指标可溶性固形物的近红外光谱检测方法，可用于水果内部品质的定量分析。还有报道探讨了柑橘、番茄的可溶性固形物、糖度、酸度和维生素 C 含量的近红外光谱无损检测方法。此外，对柿子、茶叶等农产品品质的近红外光谱无损检测也有大量研究报道，预计相关研究在“十二五”期间仍然是热点领域。

5. 计算机网络应用

计算机网络是在现代科学基础上，把当代各种先进信息技术，包括各种计算机技术、数据存储技术、通信技术、检测技术和自动控制技术等有机地结合起来，实现信息采集、传输、处理、存储和利用等五大基本信息功能在更广阔的空间结合起来的大系统。近年来，随着芯片制造、无线宽带、射频识别、信息传感及网络业务等信息通信技术（ICT）的发展，网络应用更加全面地把人与人、人与物乃至物与物之间的现实物理空间与抽象信息空间融合起来，从而出现了移动互联网、物联网、云计算和泛在网等新的概念和行业应用。网络技术在农业中的应用，目前主要表现在农业信息服务、农产品电子商务、农产品安全溯源、农业环境远程监控等方面。

电子商务是伴随网络应用快速发展起来的新兴产业，互联网提供了一个新的贸易和信息平台，让原来狭窄的有限市场转变成广阔的覆盖世界范围的无限市场。在农产品市场管理中全面引入电子商务应用系统就形成了农产品电子商务，系统利用信息技术进行有关价格、质量、需求、供给等信息的发布与收集，同时以网络为媒介并依托农产品生产基地与物流配送系统，使农产品市场的管理能实现交易和货币迅捷、安全支付，减少成本、提高效益。

在美国，许多农业网站已把农作物价格预测与金融服务同电子商务结合起来，极大地消除了农业产销中的价格风险，有利于产销的稳定。在 2001 年，美国农业资源管理研究中心对 216 万多家美国农场互联网应用情况的调查表明，美国农民在网上的主要活动是信息收集、财务管理、网上采购和农产品销售等，这几乎涵盖了农业电子商务网站的主要服务功能。2000 年，美国农场的网上交易额为 6.65 亿美元，占农场全部交易额的 0.33%。2003 年以来，美国农业电子商务的销售额以每年 25% 的速度增长，而同期全美零售额的增长速度仅为 6.8%。2007 年美国从事在线交易的农场数量已经达到 35%，比 2005 年上升了 3 个百分点，远高于 1997 年的 20%。

图 38 日常生活中的电子商务

日本的农业电子商务网站形式种类繁多，有大型综合网上交易市场、综合性网上超市、农产品电子交易所等。大型综合网上交易市场，如在日本排名第一的乐天市场网，可在其网站平台以购买、出售、拍卖等方式交易水产品、肉类、蔬菜、面类、大米等众多商品，由于各类农产品信息公开，价格透明，交易双方通过互联网即可实现实时交易，削减了大量中间流通费用，促进了农产品市场的繁荣。

韩国政府在进入21世纪后开始大力推进农业电子商务，韩国农林水产信息中心于2000年开始搭建了第一个农业电子商务平台，有效地促进了农产品的网上贸易。据相关资料显示，通过农业电子商务网站，韩国农民比利用传统销售渠道增加收入18%，消费者减少支出18%。2006年，韩国依靠农业电子商务的成交额达20亿韩元。随着通信技术的发展，尤其是第三代移动通信时代的到来，移动电子商务正在快速进入社会电子商务市场。

农产品质量安全溯源。农产品市场是连接农产品生产、流通和消费的关键平台，也是维护消费安全的重要关口。在市场经济发展较早的发达国家，农产品质量安全监管受到国家重视，并通过立法、建立监管机制、明确监管职责、落实监管技术措施、实行质量认证、质量分级和市场准入制度等方面发展出一套成熟的方法。农产品质量安全溯源也是依靠网络系统实现的，随着移动通信的发展，尤其是3G通信的普及，网络带宽能承载各种媒体信息的高速传输，借助手机条码识别与联网检索实现农产品质量安全溯源将成为未来发展的热点。

农业环境远程监控与农业生产的特殊性有关，首先农业生产与工业生产不同，一是生产的地理环境范围大，二是作物生长与环境因素密切相关，因此在农业环境远程监控中，无线传感器网络是实现远程监控的必要条件。实际上，无线电的应用早已深入人们的日常生活中，电视、广播、手机通信等无处不在。在农业通信和控制领域也同样有着广泛的应用，如通过无线电遥控操作的田间拖拉机和联合收割机，无线土壤水分传感器网络对田间水分的检测与灌溉控制，极大提高了设备的操控能力和自动化水平，又如通过对温室土壤和环境温、湿度检测，实现自动灌溉和温室环境控制，保障温室作物正常生长，实现周年生产。

国外的相关研究和应用，也有许多综述作了介绍，如作物管理和空间变量研究，利用田间移动数据采集系统，可以采集土壤水分、压实度、肥力，单位面积生物产量，叶片温度，叶片叶绿素含量，植物水分状态，局部天气数据，害虫、疾病、杂草等信息。西班牙开发的分布式无线自动灌溉系统，能控制 1500 公顷灌区；日本研制了由常规数据采集器、工控计算机、传感器以及一个无线接入点和无线天线组成的农业田间服务器。目前，该技术在世界各国的温室控制中发展很快，一些国家在实现自动化的基础上正向着完全自动化、无人化的方向发展，像设施园艺强国荷兰，以先进的鲜花生产技术著称于世，其玻璃温室全部由计算机操作。日本研制的蔬菜塑料大棚在播种、间苗、运苗、灌水、喷药等多个方面都应用了自动化和无人化技术。

在国外灌溉用水管理也正在向信息化、自动化、高效化的方向发展。智能技术、计算机应用技术、气象数据监测技术陆续应用于灌区信息管理和运行决策。与此同时，国外还十分重视灌溉用水管理软件的开发和应用，灌溉用水管理基本上达到了信息化、自动化、多功能化的水平。

近年来我国农业环境远程监控技术的研发与应用发展很快，许多文献均反映了国内研究现状和发展前景，也是我国农业信息化深入农业生产、管理，发展现代农业的重要发展方面。在我国，农产品生产与市场流通具有小生产、大流通格局，生产规模小，商品率不高，不仅严重影响农产品电子商务的发展，而且小农生产模式承载不了实施农业环境远程监控对设施和通信成本的投入，在农产品质量安全监管上难度更大，农产品电子商务也需要农产品的规模化和标准化，同时要以农产品质量安全做保障。可以说，目前限制网络应用的不是技术，而是小农生产国情。在“十二五”期间，党和政府支持不同形式的土地流转，发展现代农业，实施集约化经营，必将吸引多元社会力量，围绕各种网络应用技术开发实用的系统，充分发挥农业环境远程监控的经济回报和社会效益，提升农业生产和管理水平，保障农产品交易与流通环节的农产品质量安全。

6. 农业生产信息化

现代农业是高技术支持下的农业生产，迫切需要信息化的支撑。从技术上看，就是用信息技术装备智能机械、探测生产环境及其变化、归纳生产管理经验和探索规律，开发综合性的农业生产管理专家决策信息系统。实现农业规模化生产的精确、高效、优质目标，并保障可持续发展，只有这样，才能从根本上改变我国目前农业生产，尤其是种植业生产中以家庭为单位分散经营、粗放发展，生产效率低、资源消耗多、经济增长十分缓慢的现状，提高农产品产量、商品化率，保证质量和价格的竞争力，有效促进农民增产、增收。

从生产过程上看，农产品生产的各个环节都需要信息化支持，产前的种子、耕地整理与施肥、动植物生长发育不同阶段的生理生化变化特征与调节，产后质量等级的数字识别与自动分级等，都离不开信息技术的支持，除了常规的计算机软硬件外，还需要以空间信息技术作为支撑，如精细农业，需要利用全球定位（GPS）、遥感（RS）和地理信息系统（GIS）等技术，结合作物系统模型，才能解决作物长势长相、病虫害和环境胁迫、气象灾害等关键信息的大范围、高精度、动态监测问题，实现种植业的信息化运行。

在经济上可行的条件下，通过信息技术实现的自动监控手段，可以在农业生产环境控制、单项农艺措施和作物整个生长过程信息化中发挥作用。目前设施农业是现代农业中信息化应用较好的典型，通过生长环境的自动控制，可以保障作物在最有利的水肥、温湿度和二氧化碳浓度的生长条件下，达到省工、省肥、高产、优质、高效的目标。在西北干旱缺水地区，年降雨量只有 200 ~ 300mm，仅仅只利用水肥自动控制单项手段，就可以显著提高作物产量。随着养殖业的集约化、规模化发展，养殖业信息化逐渐成为现实需求。利用传感器技术，能实现对动物成长全过程信息的自动获取与存储、远程监控养殖环境和生长状态，实现养殖过程的精准管理，确保动物生长的安全性。

在农业生产信息化中应用的信息技术甚至比工业化要求更高，因为影响农业生产的环境因素、动植物生长过程中生理生化特征的变化、生物和非生物逆境的影响等，在许多情况下几乎是不可控的，如降雨和物候期的变化，因此除了计算机软硬件技术、各种网络技术外，还需要来自农业领域和物理化学领域的专家掌握信息技术，研发各种适用的传感器，围绕动植物生长发育建立专家系统。

7. 农业资源环境信息化

信息资源是信息技术作用的对象，随着农业信息化的推行，信息资源的重要性日益受到人们的关注。从信息技术层面看，农业信息化是指在农业生产的全过程中采用信息技术并有效地开发利用农业资源，促进农业综合生产力不断提高的动态演变过程。它包括计算机技术、微电子技术、通信技术、光电技术、遥感技术等多项信息技术在农业上普遍而系统应用的过程。如果将信息技术具体化，农业信息化则是指农业生产、经营、流通、资源环境以及生活消费的信息化，是建立在地理信息系统（GIS）、全球定位系统（GPS）和卫星遥感系统（RS）基础之上的现代化农业体系。站在系统工程角度看，农业信息化是指把农业生产、分配、交换、消费四个环节作为整体的农业系统工程，通过广泛采用各种信息技术和信息装备，对其中的各种农业资源进行更有效的开发和利用，促进农业产业化发展的过程。

按照农业经济理论，农业信息化就是在农业领域全面地发展和应用现代信息技术，使之渗透到农业生产、市场、消费以及农村社会、经济、技术等各个具体环节，逐步实现农业效率和农业生产力水平最大化的过程。综合来讲，农业信息化必须依靠信息技术，但是信息技术和信息基础设施，只是农业信息化发展的基础条件。拥有计算机和网络设施，不等于实现了农业信息化。农业信息化必须依靠信息资源，有效地开发和利用农业信息资源。但是仅开发和利用信息资源还是不够的，还需要环境资源的保障，如人力资源、水土资源、自然气候资源、政策资源等方面的保障。

农业信息化的最终目的是提高农业效率和农业生产力水平。但是农业效率和农业生产力水平的提高，是利用信息技术，通过对农业信息资源包括相关生产资源的有效开发和利用，实现农业生产、营销、管理、决策信息化，提高农业效率和农业生产力水平的长期过程。显然，没有农业资源环境信息资源，就不可能完成农业信息化的战略目标。

《2006—2020 年国家信息化发展战略》首次提出了“确立科学的信息资源观，把信息资源提升到与能源、材料同等重要的地位，为发展知识密集型产业创造条件”。由此产生的信息资源观则认为，农业信息化是充分运用信息技术的最新成果，通过信息和知识的获取、处理、传播和应用，实现农业生产、管理、农产品营销信息化，加速传统农业改造和升级，大幅度提高农业生产效率、管理和经营决策水平，促进农业持续稳定发展的过程。

农业资源环境信息化是农村信息化的基础性工作，是实现信息化指导农业结构调整、科学组织农业生产，促进农业生产力提升的基础。农业资源环境信息是指与农业生产经营有关的资源和环境方面的信息。如耕地、水资源和生态环境、气象环境等方面的信息。农业资源环境信息化就是通过收集上述信息，使政府有关部门能够及时采取有关政策措施，指导和调控有关企业和农民有效地利用和保护资源、环境，同时及时把上述信息告诉农民，使农民能够根据环境、气象等条件安排生产活动，避免不必要的损失。农业资源环境的信息化同时也是保障现代智能农机发挥作用的基础，是实现现代农业的必要条件。

自 2005 年以来，我国先后启动了全国性的县域测土配方行动项目，目前项目实施单位已经从 2005 年的 200 个增加到 2010 年的 2498 个，基本覆盖了所有县级农业行政区。2009 年全国测土配方施肥技术推广面积达10亿亩以上，五年累计减少不合理氮肥施用量达430万吨。除了通过发放推荐施肥“建议卡”，有效指导农民了解、掌握科学施肥知识，直接“按方”购肥、施肥外，项目还采用地理信息系统（GIS）、遥感技术（RS）、空间数据库技术和层次分析数学模型，对县域耕地地力进行了分等定级，为我国耕地管理、培肥、宏观决策提供了全面支持。同时，积累一批极其重要的耕地养分检测数据和矢量化基础图件信息资源，如何有效利用这批珍贵的农业耕地资源环境信息，造福“三农”将是今后社会和农业工作者关注的热点之一。

8. 农业信息化服务

农业信息化服务主要指农业生产资料供求信息和农副产品需求、流通、收益核算和农产品质量安全等方面的信息服务。信息化的目的就是通过农业信息化建设，把这些信息收集起来，进行加工整理、分析，并及时传递给农民，引导他们按照市场的需求从事生产经营，适应市场经济发展，避免因信息不灵而导致农产品市场大起大落，给生产者和消费者带来损失。

目前发展较快的是市场信息化，为全面贯彻落实党中央、国务院关于加强农村市场信息体系建设和搞好信息服务的精神，按照《中共中央关于制定国民经济和社会发展第十个五年计划的建议》和中央农村工作会议的有关部署和要求，农业部从2001年起启动了“‘十五’农村市场信息服务行动计划”，其目标是“为农业和农村经济发展、农业结构战略性调整和农民增收提供及时、准确的信息服务”，之后，我国不同类型的农业信息服务蓬勃发展。随着社会发展，农业信息服务的对象和内容也发生了变化。近年来农业生产资料质量和农产品质量安全信息化，尤其是后者尤其受到重视，正在快速发展。

食品安全问题是世界范围内关系人们身体健康、生命安全、经济健康发展和社会稳定的重大问题。20世纪90年代以来，国内外

图 39 食品安全问题

陆续出现许多食品安全问题，如 20 世纪 90 年代前后英国出现的疯牛病、1996 年日本大范围出现的集体大肠杆菌中毒事件、比利时“二恶英”污染食品事件、1996 年我国云南曲靖地区会泽县发生甲醇白酒特大食物中毒事件、1997 年香港始发的 H5N1 禽流感事件、1999 年 1 月广东省蔬菜甲胺磷农药残留事件，还有 2005 年苏丹红事件和 2006 年 11 月中旬的“多宝鱼事件”等，尤其是 2008 年“三鹿事件”发生后，整个社会对食品安全问题日趋关注。

2009 年 6 月 1 日我国正式实施《中华人民共和国食品安全法》，2010 年 2 月，成立了国务院食品安全委员会。2010 年 4 月，在卫生部、科技部、工业和信息化部、世界卫生组织、联合国粮农组织、国际食品微生物标准委员会、国际生命科学会等国内外重要政府部门和机构的支持下，在北京召开“2010 年国际食品安全论坛”，卫生部部长陈竺在论坛上明确提出“建立健全全国食品安全风险监测体系，力争在2010年底建立起覆盖食品生产经营各环节和各省、市、县并逐步延伸到农村的食品安全风险监测网络”。

实际上，食品安全不仅关系到农产品，还涉及农产品生产的立地条件、生产过程中投入的饲料及其添加剂、抗生素、化肥、微生物制剂和农药等。因此“延伸到农村的食品安全风险监测网络”是保障农产品安全的根本，而农业信息化则是从源头对食品安全进行管理的有效手段，除了用于发布信息、提供媒体监督和农产品溯源外，还可以向农产品生产现场延伸，进一步提高农产品生产的透明度。工业和信息化部、科技部、农业部、商务部、文化部五部门共同印发的《农业农村信息化行动计划（2010—2012年）》也提出“进一步健全农产品和生产资料市场监测、质量监管、产品追溯、信息服务等系统”。

信息技术在不同发展时期的内涵是不同的，由信息技术农业应用发展起来的农业信息化已经受到党和政府的高度重视，并出台相关政策和经费支持。当前我国的农业信息化具有的主要特征是：专业性和社会性并存，专业性表现在农业信息化的行业特征，涉及农业生产和围绕农业生产技术与农产品流通为主的农业现代化，以提升农业经营效率、发展现代农业为目标；社会性则更多地表现在农村信息化方面，属于国家信息化战略的组成部分，承担农村社会电子政务、农产品电子商务及其农产品安全、农村政治生活和文化娱乐等农村社会信息化的任务，以减少或消除城乡信息化二元结构为目标。

农业信息化的社会性决定了其跨区域、跨部门、跨领域和跨行业的特征，必然需要国家信息化战略引导下的组织和协调，因此近年来许多农业信息化政策和项目都是跨部委组织的。在“十二五”期间，信息技术和农业信息资源将作为农业生产要素进入农业生产、农业经营管理、农产品流通和农产品质量安全保障等环节中，不断彰显现代农业的产业化和信息化特征，促进了我国现代农业的快速发展。